数学的思考法

説明力を鍛えるヒント

芳沢光雄

講談社現代新書

1786

試行錯誤のすすめ——まえがきにかえて

このところ、数学力や数学的思考の重要性を訴える本やテレビ番組が増えている。長年にわたって数学教育に関わり、提言も行ってきた数学者として、喜ばしい限りである。ただ、「論理思考」や「戦略的思考」などがありがたがられるわりに、あるいは子供たちの数学力向上の必要性が叫ばれるわりに、ハウツー本やテレビ報道の内容には数学的に疑問符をつけざるを得ないものが多い。それだけではなく、きちんとした数学教育を受けてきたはずの、指導的立場にある人や識者と呼ばれる人たちの発言のなかにも、論理的に怪しいものが少なくないのである。

何よりおかしいと思われるのは、算数・数学は与えられた条件のもとでいろいろと「考えること」を学ぶものであるはずなのに、単純な計算練習の数をこなしスピードを上げることや解法を丸暗記することが数学力を上げる「救世主」であるかのように受け取られている風潮である。もちろん計算力は必要だ。しかしそのような「条件反射丸暗記」学習法は、「処理能力」は上がるかもしれないが、思考力を養うことにはつながらない。まして、最も大切な、数学そのものの面白さを知るという点では、まったく対極にあるやり方と言ってよい。

数学で学ぶ考え方のなかには、経済やビジネスだけでなく、社会問題であれ政治的問題であれ、身のまわりのさまざまな問題を考えるときにヒントになるものがたくさんある。そして「説明力」においても、算数や数学で学んだ論理性が大いに役立つはずだ。数学者の立場から、そうした思考と説明の技術やヒントをふんだんに紹介しようというのが本書の主眼である。ただ、その入り口として、現在の算数・数学教育の抱えている大きな問題を是非とも指摘しておかなければならない。考える力を養い、論理的な説明力をはぐくむために必要なことが、そこではまったくなおざりにされているからである。

1995年4月、日本学術会議数学教育小委員会は「次期教育課程に向けての提言」という冊子を（私も加わって）作り、当時の中央教育審議会に提出した。そこでは主に、〝ゆとり教育〟路線に沿った学習指導要領の改定を思いとどまることを真剣に訴えていた。残念ながらその要望は無視され、ご存じのとおり、結局2002年度からの新学習指導要領の導入に至ったのである。そして、中学校での数学の授業時間は各学年とも週3時間（年間105時間）の世界最低レベルになった。世界平均は年140時間前後というのに、である。

この指導要領の「改悪」ですっかり形骸化されてしまったのが、中学校数学における

「証明」教育である。

戦後の高度経済成長期あたりに中学校で証明を学んだ方々なら、証明問題を解くために何かよい方法はないか、「ああでもない、こうでもない」とさまざまに考えをめぐらせたことを思い出すだろう。考えるまでもない問題なら、もっと難しい問題に取り組んで、補助線を引いたり場合分けをしたり、時間を忘れてたくさんの試行錯誤をしたはずだ。この試行錯誤の過程こそ、考える力を育てるための大切な〝栄養〟なのである。

最近の日本の中学生は、そのような〝苦労〟をほとんど味わうことなく卒業していく。さまざまな公式も、結果を憶えてすぐに数値を代入する練習をして、それで終わりである。教科書にはかろうじて公式の導き方が書いてあるが、授業時間数が少ないのでそれらの学習は大方省略しているようだ。

試行錯誤のような時間のかかることは省略して、さっさと憶えて速く計算しろということなのだろうか、日本の教育はますます「条件反射丸暗記」の教育になってきている。それは、高度経済成長期までの低付加価値商品大量生産の時代ならば悪くはないかもしれない。低価格だが精度の高い単純な商品をたくさん作るからである。しかし現在は、著作権や特許権などの知的所有権をもつ高付加価値商品の生産、すなわち創造型商品の開発を目指さなくてはならないのだ。

このような時代に、まるで計算機と競わせるかのような条件反射丸暗記中心の教育は、的はずれ以外の何ものでもない（一部には「頭を使って考えるのはごく限られたエリートだけでよい」などという考えもあるようだが、とんでもない間違いである）。

私の知る限りでは、先進国でこんな数学教育を行っているのは日本だけだ。たとえば方程式の解法の導入で、アメリカでは公式を紹介する前に解をいろいろと当て推量させている。ドイツでは特殊な場合の公式から一般的な場合の公式を生徒自らの力で導き出させるように指導するという。授業の進行が遅くなるのは明らかだが、あえてそうした試行錯誤を行わせているのである。昨今、２桁《けた》のかけ算の「暗記」ぶりがテレビ等で盛んに喧伝《けんでん》されているインドでも、実は証明教育にたっぷりと時間を費やしているのだ（１－３「インドの数学教育は何が違うのか」で詳しく紹介しよう）。

そもそも「創造」とは、自らいろいろな工夫をして新しいものを作り出すことであって、決して何かを憶えたり真似することではないはずだ。そして「創造力をつける」とは、「問題を解決するために何かよいアイデアはないか」とねばり強く試行錯誤して、解決に至る道筋を諦《あきら》めずに考え抜く力をつけることである。「ひらめき」にしても、何も突然天から降ってくるわけではない。考えに考え抜いているからこそ、その間隙《かんげき》にふと浮かび上がってくるものなのだ。

だからこそ、証明問題の前段階で「何かよい方法はないか」と自問して試行錯誤することが大切なのである。「最近の若者は諦めが早くなった」という発言はよく聞くが、「最近の若者はものごとを諦めなくなってきた」という発言はあまり聞かない。両者が逆転するときが来ることを期待したい。

試行錯誤の結果、頭の中で解決への道筋がひらめくと、誰でも程度の差こそあれ感動するにちがいない。しかし頭の中にとどまる限りは、いわば「暗黙知」にすぎない。そこで数学における証明の後段階では、論理的にしっかりした説明文である証明文を「形式知」として完成させるように書くことになる。その能力もまた、今日ではきわめて重要なのである。

内々の会話や暗黙の了解だけで済む狭い社会で生活しているならいざ知らず、現在は情報化と国際化の時代である。そこで求められるのは、飾った言葉の羅列でもなく、ましてや意味不明な言葉の羅列でもない。最も必要なのは、誰にも誤解されることのない客観的な言葉の積み重ねである。その意味で、証明問題の後段で行う論理的にしっかりした説明文の記述がとても大きな意味を持つのだ。

さらに、重要なプログラムはいくつもの小さなプログラムの集合体から成り立っているように、長い説明文はいくつかのパートに分かれるのが普通である。それゆえ長い説明文を書くようになると、ものごとの全体を見渡す能力も自然と身につくことになる。

いま日本人に求められている最も重要な能力は、「ねばり強く考える」ことと「論理的にきちんと説明する」ことである。したがって、その両者を総合した「証明力」をはぐくむ教育が軽視されている現状を、一日も早く改めなければならない。そして教育に限らず数学的思考が重要というなら、目先の「効果」ばかりを重視する「条件反射丸暗記」の計算で数学力が上がるなどという幻想を、まずは捨てていただかなければならない。


さて、本書は数学的思考の使い方や面白さを理解していただくために、一項一項を完結した短いコラム風にまとめてある。したがって、興味のおもむくまま、どこから「つまみ読み」していただいてもかまわないのだが、第1章では教育問題を中心に、数学に関する世間のさまざまな「誤解」について扱い、第2章以降は「前段で試行錯誤という思考を行い、後段で説明力を駆使する」証明問題の順番にしたがって構成してある。

子供たちが算数や数学を学ぶうえで大切なこと、数学の考え方のなかでわれわれ大人たちにとって大切なことを、満載したつもりである。わずかでもお役立ていただければ幸いである。

目次

第1章　間違いだらけの数学観

1—1 なぜ分数計算ができないのか？

「やり方」だけではいずれ忘れる

『分数ができない大学生』（東洋経済新報社）が出版されたのは１９９９年のことである。それ以来、「学力低下」の象徴として分数計算のできない大学生が話題の中心となってきた。私もこの本で「数学は役に立たないのか」という一項目を執筆したのだが、少しでも目を通したことのある方ならすぐにわかるように、「分数ができない大学生」というタイトルはあくまで営業上のものであって、本の主旨は「数学的なものの考え方の重要性」を訴えることにあった。

実は、出版直前まではより内容に即した常識的な書名を想定していた。それが最終的に「分数ができない大学生」に決定したと聞かされたとき、「このタイトルならば売れるだろう。世の中に劇的な変化を生むかもしれない」と心が躍ったものだ。しかし同時に、「数学は単なる計算技術である」という迷信が復活したり、子供たちの学習目的が単に受験テクニックを身につけることに終始してしまったりはしないだろうか、という一抹《いちまつ》の不安を抱いたことも事実である。

私たちは90年代の半ばごろから、学習指導要領の改定のたびに学生・生徒の学力が低下していることをさまざまなデータを揃えて訴え続けていたが、当時のマスコミは一切耳を貸さなかった。それがこの本の出版を境にして一斉に「学力低下」問題に注目するようになったという意味では、「分数ができない大学生」という書名は大いにプラスであった。しかし今にして思えば、「一抹の不安」が的中してしまったことも確かである。タイトルだけがひとり歩きしてしまった、という感が否めないのだ。

実際のところ、分数計算も満足にできない大学生はたくさんいる。しかし多くの人は、彼らは小学校の頃から分数計算ができないまま大学生になってしまった、と思っているようだ。実はそうではない。私自身が文系・理系を問わず多くの大学生に接してきた経験からも、ある短期大学で算数の復習授業を手伝っている私のゼミナールの卒業生による報告などからもわかっていることだが、分数計算ができない大学生の多くは、小学生高学年から中学生の頃の一時期には分数計算ができたのである。そして彼らは、「かつて子供の頃は分数の計算はできたが、やり方を忘れて今はできない」というように答える。

ここで注意すべきことは、「かつて〜の頃は…ができたが、やり方を忘れたので今はできない」という言い方が、分数だけでなく、ほかの算数や数学のさまざまな内容に関してもしばしば聞かれるという事実だ。たとえば、〜が中学生で…が因数分解である場合もそうである。彼らはなぜ「やり方を忘れ」てしまうのか。このことこそが問題なのだ。

学力低下の象徴的な式となってしまった「$\frac{1}{2}+\frac{1}{3}=\frac{2}{5}$」でその本質を説明しよう。

ふつうは、$\frac{1}{2}$は$\frac{3}{6}$になり$\frac{1}{3}$は$\frac{2}{6}$になることをしっかり理解してから分数のたし算を行う。しかし彼らはそれをしないで、次のような手順の「やり方」を憶えていたのである。すなわち、

① $\frac{1}{2}$の分母の２と$\frac{1}{3}$の分母の３をかけて６を導き、それを答えの分母におく。

② $\frac{1}{2}$の分子の１と$\frac{1}{3}$の分母の３の積である３と、$\frac{1}{2}$の分母の２と$\frac{1}{3}$の分子の１の積である２の和、すなわち５を答えの分子におく。

③ したがって答えは$\frac{5}{6}$となる。

こうした「やり方」の練習から入る教育を受けた者が、気がつけば「やり方」を忘れ、分母どうしと分子どうしを加えて「$\frac{2}{5}$」という答えを出してしまうのである。こんな「やり方」だけを定着させるために、分数計算のドリルを何遍繰り返し、いかにスピードを競っても、いずれ忘れてしまうのは無理もないことだろう。

２００５年1月18日に文部科学大臣が「ゆとり教育」路線の見直しを発表し、翌日の朝日新聞社会面に公立中学数学教員の次のような話が載った。

入学したばかりの中学1年生に「3.2＋1.1は？」と聞いたところ、ある生徒は「0.43」と答えた。単純に足したうえで、かけ算のように小数点の位置をずらしていたのである。これも「やり方」から入って「やり方」を忘れてしまった例ではないだろうか。

因数分解も、いきなりその練習ばかりするのではなく、因数分解の公式を導く過程にある「式の展開」とセットにして学んでいれば、その方法は大人になってもすぐに思い出すことができる。たとえば、$(x+a)(x+b)$ を $x^2+(a+b)x+ab$ に展開することをきちんと行っていれば、その逆の因数分解を導くことも容易なのである。逆の因数分解だけを公式として丸暗記しているから、それを忘れると手も足も出なくなってしまうのだ。

計算練習は必要である。しかし「公式」や「やり方」を導き出す過程をしっかり納得したうえで行うべきであり、数式もていねいにきちんと書くことを心がけるべきなのだ。ところが「学力低下論議」を追い風にして何が起こったかといえば、考え方を理解したうえで一歩ずつ正確に計算するのではなく、数式の命である等号さえ省略し、表の中に答えだけを急いで書くような訓練こそ「学力向上」の救世主となるかのような幻想を、一般の大人たちばかりか一部の教師までが抱いてしまったのだ。『分数ができない大学生』の分担執筆者の一人として、まことに残念でならない。

２００３年５月13日の新聞各紙に、小学５年から中学３年までを対象にした全国一斉学力テスト(2002年実施)に対する国立教育政策研究所の詳細な分析結果が載った。それによれば、前回テスト(93〜95年実施)の算数・数学と比べて、小学生では「数学的な考え方」がとくに弱くなり、「数と計算」は比較的強かったという。また中学生についても、「記述式の問題」や「長い文章の問題」が弱くなっていたのである(同日付読売新聞)。すなわち、いま最も求められているのは、プロセスを重んじる教育なのだ。

「やり方」の理由と背景を考えよう

手元にあるインドの古い教科書を見ると、かけ算九九を憶えさせる一つの練習として10×10のます目を埋めさせる問題が少しある。欄外の演算をさせる数は、縦、横ともに0から9までを順番をバラバラにして並べてある。しかし、10×10のます目を埋めさせるような問題は、九九の暗記の練習以外には見当たらない。私が小学生の頃にも、九九を憶えさせる10×10のます目からなるパネル式の教具はあったが、多くの人もそうであるように、そのようなものは使わずに家庭で親との会話の中で九九は憶えた。小学生に九九だけは反射的に正確に答えられるぐらいに暗記させなくてはならないが、同時にそれらの結果は足し算によっても導かれるようにしておくべきである。

計算練習は大切でないと言っているのではない。むしろ2桁×2桁以上の計算練習は、小学生のうちからしっかりやっておくべきである。インドの算数の教科書には、5桁×3桁の計算や、桁数のかなり違う数が現れる混合計算問題もたくさん載っている。応用面を考えると、そのようにサイズのかなり違う数どうしの計算練習を行っておくことが大切だからであろう。

中学・高校レベルでも計算練習は重要である。90年代に執筆した拙著『高校「数学基礎」からの市民の数学』（日本評論社）の第1章でも、「計算」という表題をわざわざ付けて、計算練習をたくさん行うことの重要性を述べている。また、分担執筆者となっている中学数学教科書でも、あえて「まえがき」に相当する部分でその重要性を訴えているほどだ。ただ、数式は省略してはならず、きちんと書くべきなのだ。子供の頃にきちんと数式を書く癖を身につけないから、大学生になっても等号の意味すらわかっていない奇妙な数式を平然と書くような（1－7参照）、困った現象が次々と現れてしまうのである。

「表の中に答えだけを急いで書かせるような訓練は、演算させる数と答えの数の場所が離れているので子供たちに強いストレスを与えるのではないか」と心配する立場から、最近は三角形や円などを使って、演算させる数と答えの数の場所が隣どうしになるように工夫している練習帳も現れているようである。しかし、そのような〝改良〟に精を出すよりは、むしろ数式をきちんと書かせるオーソドックスな計算練習帳を再評価すべきではないだろうか。

ちなみに私が小学生の頃は、文部省が計算練習帳を作って生徒に配付していた。もちろん無料である（その解答に間違いを発見したことが、いまでも懐かしい思い出となっている）。また、担任の先生がガリ版で刷った計算プリントも、温かみがあって楽しいものであった。それから現在に至るまで、学習参考書を購入したことはあっても計算練習帳を購入したことは一度もない。

特許権や著作権に対する認識が日本以上にはっきりしている米国では、実は無料のソフトの制作も進んでいる。数学者が論文で使うTeX《テフ》という数学ソフトは、どんな数式や記号にも対応できる優れたものであるが、これもフリーソフトである。当然、子供たちが練習するような計算練習ソフトもありとあらゆる種類のものがあり、優れたものもフリーソフトで出回っている。思わず笑ってしまったのは、その中のひとつに、ヤード・ポンド法のアメリカらしく「12×12」のます目の中に答えを書かせる形のソフトを見つけたことだ。もちろん日本でも無料でダウンロードできる。人気があるようには見えなかったけれども、試してみますか？

さて、書店には「○○必勝法」とか「△△テクニック」といったハウツー本が溢れている。内容は玉石混淆《こんこう》で、「なぜ必勝法になるのか」「なぜ有効なテクニックなのか」という理由や背景がしっかり書いてあるものもあれば、パチンコ攻略法の類《たぐい》に見られるように、何の説明もなく、ただ「やり方」だけを書いているものもある。

「$\frac{1}{2}+\frac{1}{3}=\frac{2}{5}$」や「$3.2+1.1=0.43$」のような例は、単に計算練習の不足によって起こった現象ではなかった。そのように皮相的にとらえるのではなく、分母をかけ合わせたり小数点を左へずらしたりする計算上の「テクニック」にどんな「理由」や「背景」があるのかということを軽視して、安易に「やり方」だけに頼る学習法の危険な面を露呈しているととらえたいものである。そうすれば、「○○必勝法」「△△テクニック」も上手に使うことができるだろう。

　このところ、昔の科学少年時代を懐かしく思い出して実験器具や知育玩具を自宅に揃えて遊ぶ年輩の方々が急増している、というようなニュースをよく聞く。「理由」や「背景」を軽視して便利そうに見えるテクニックに頼りがちになった、現在の日本社会に対する重いメッセージではないだろうか。

「分数で割るには、分子と分母を取り替えてかければよい」といきなり暗記してすぐに練習に移るのではなく、その意味を各自が各自の方法で納得してから、きちんと式を書いて、たくさん練習をしてほしいのである。

1―2 若者はなぜ「地図の説明」が苦手になったのか

図形の証明とよく似ている

２００４年2月に行われた千葉県立高校入試の国語で、地図を見ながらおじいさんに道案内するという記述問題が出題された。２００字以内で作文する問題であったが、なんと受験生の半数が0点だったという。

「最近の若者は地図の説明が下手で困る」という発言を年輩の方々はよく口にする。たしかに、若者に道を尋ねて「こっち行って、そうそう、あっち行くの」というような返事しか返ってこなかったという経験が私にもある。そのような返事をそのまま答案用紙に書いたのでは、0点より上の点数がつくのは難しいことだろう。

「地図の説明」の重要性は、私の10年以上にわたる数学啓蒙活動のなかでも主張してきたことだ。「論理的思考力は地図の説明を練習させると育《はぐく》まれる」とか、「入社試験では知識だけを問うような質問をするのではなく、最寄《もより》の駅からこの試験会場までどのような道順で来たかを説明させると、受験者の論理的説明力が一発で見抜ける」などと、いろいろなところで発言してきた。地図の説明は国語だけの問題ではないのである。

もちろん、「条件反射丸暗記」的な計算訓練だけをいくら積み重ねても身につくものではない。遊園地の滑り台のてっぺんに登って、そこから見える特徴的な遊技施設の名称を言うことくらいはできるだろうが、道が途中でいくつにも分かれているようなところで道順を教えることなど覚束《おぼつか》ないだろう。「つかえて立ち止まって考える」ことができないからだ。

中学生の頃に学習した「図形の証明」を思い出していただきたい。証明が目標とする結論は、地図の説明では目的地に対応する。結論に至るおおよその粗筋を見つけることが、地図の説明ではルートファインディングに対応する。そして、論理的なギャップのない正確な証明文を書くことが、地図の説明では途中で誤った道に迷い込むことのない説明文を書くことに対応する。このように、「図形の証明」と「地図の説明」はよく似た関係にあるのだ。

たとえば、円と直線の交点が2つあるとき、単に「交点」とだけ言うことが許されるのは、もう1つの交点を選択しても本質的に同じ議論が進む場合だけである。それ以外では、どちらの「交点」なのかをはっきりと述べなくてはならない。一方、地図の説明で駅の改札口が2つある場合、「改札口を出て左に行く」とだけ説明しては、意図しない改札口を相手が出たら、とんでもない方向に行かせてしまう。

ＩＴのソフトウエアの面で世界をリードしているのがインドの技術者だということはよく知られた話だが、それには中学生の頃から鍛えられた「証明力」がものをいっているにちがいない。インドの数学教育では、たとえ証明問題でなくとも、証明問題のようにきちんとした説明文を書かなくては、最後の答えが合っていても大幅に減点されてしまう（深田祐介『最新東洋事情』文春文庫など）。ソフトウエアというのは、命令文の論理的な連なりでできている。インドの技術者たちは「証明力」について〝理想的〟な教育を受けているからこそ、複雑なソフトウエアでも、全体の構成から各部分の細かい命令文に至るまで、しっかりしたものを作ることができるのだ。

「日本では優秀なソフトウエア技術者がほとんど育っていないので、インドから多くの優秀な人たちに来てもらっている」というニュースは何度も聞かされているが、その背景をしっかり伝えているニュースがないのは残念でならない。ある報道番組に至っては、「日本の子供たちの暗算能力をもっと高めないとインドに負けちゃうでしょう」などと平然とコメントしていたのだ。このときはどうにも我慢を抑えきれず、テレビ局に電話をかけて事実誤認を指摘した（もちろん名前を名乗り、連絡先も伝えた）。あっさり「苦情処理」に付されただけだったのは言うまでもないが。

インドとはまったく対照的に、日本の中学校での証明教育の実情はまことに惨憺《さんたん》たる状況である。昭和40年代と比べると、現行（2002年度学習指導要領改定）の中学校数学教科書の証明問題数は3分の1になってしまった。挙げ句の果てに、「証明の全文を中学生に書かせるのはかわいそうだし、試験に出しても点が取れない」などと〝同情〟して、なんと「三角形」だの「平行」だのという単語だけを〝穴埋め式〟に書かせるという、まったく日本固有の異常な教育があちこちの中学校で行われているのである。

このようなお寒い証明教育しか受けていない若者にきちんとした地図の説明を求めることなど、どだい無理なことであり、せいぜい地図を見せてその上に有名な駅や建造物などの名称を書き込んでもらうぐらいが「いっぱいいっぱい」なのである。

1－3 インドの数学教育は何が違うのか

かけ算の暗記とソフトウエア開発力の関係

国連人口基金の２００４年版『世界人口白書』によると、２００４年7月現在、世界人口の上位３ヵ国は中国、インド、米国で、順に約13億、約11億、約３億人。それが２０５０年には、インド約15億人、中国約14億人になると予想されている。人口ではインドが中国を抜いて世界のトップになるというのだ。また、日本経済は21世紀前半にはＧＤＰでインドと中国に抜かれる、というアメリカ中央情報局（ＣＩＡ）の報告書もある。

世界のソフトウエア企業に関するランキングで上位１００社のうち半数近くはインドの企業である。とくにＩＴのソフトウエアに関するインドの技術者の優秀性については、つとに注目されている。ところが、なぜインド人のソフトウエア技術が優秀なのかということになると、前項でも触れたように、日本のマスコミは「インドの子供たちはなんと、20×20のかけ算まで暗記しているんですよ。だからインド人は数学が得意なんです」というような、あまりに皮相なこととしか伝えないのだ。それがどうしてソフトウエア技術の高さにつながるのか、考えもしないのである。

桁数の多い整数どうしのかけ算を暗記すれば数学力が身につくのか。だとしたら、数学者はみんな、九九以上のかけ算をたくさん暗記していそうなものだが、実際にはそんなことはない。大概の数学者は九九どまりである。それに、日本の誇るソロバンを習ったおかげで桁数の多い数のかけ算をたちどころに答えられる、才能ある人が日本にはたくさんいる。そういう人は数学ができて、優れたソフトウエアを開発する能力が高いのだろうか。

たしかに電卓が普及する前までは、インドの子供たちは九九でなく20までの整数どうしのかけ算を暗記していた。しかし電卓が普及した現在では、それは必ずしも事実ではない。では、インドの数学教育は何が違うのか。もう少し詳しく見てみよう。

日本の小学校から高校までの12年間に対応する学校組織として、インドでは初等学校(5年)、上級初等学校(3年)、中等学校(2年)、上級中等学校(2年)がある。人口が日本の約10倍であることに比例するかのように、日本の中高生合わせて約750万人に対し、上級初等学校から上級中等学校まで約7000万人の生徒が学んでいる(『ユネスコ年鑑』)。

カリキュラムを見ると、たとえば日本の中学3年にあたる中等学校1年で対数を教えるように、内容は全般的にインドのほうが高いのだが、上級中等学校の指導要領に相当する

「Senior School Curriculum」には次のような記述がある。

「インドを科学や科学技術と重大な関係がある国と見なすならば、数学教育を意義あるもの、そして創造的なものにすべきである」ことを最初に述べる一方、「社会科学や人文科学に必要な数学を身につけさせる」ということも謳《うた》っているのである。文系・理系の両方に、高度な数学をしっかり学習させようとする姿勢がわかるだろう。

実際、日本の高校数学の教科書から早くに姿を消した微分方程式や、日本の大学生が一般教養で学習する3行3列の行列なども、インドの上級中等学校教科書には載っている。また統計数学のポアソン分布などもその参考書にはていねいに説明されている。

微分方程式は、時間とともに変化する自然現象をとらえるには必須のものである。また3行3列の行列は、空間図形の変換を考えるときには不可欠なものである。さらに保険数学に出てくる死亡率のように、まれに起こる現象の確率を扱うさいにポアソン分布は重要な働きをする。

「計算規則」の教え方

しかしながら、本当に注目すべきことは、日本と比べて内容面でのレベルが高いことではない。「証明力」を鍛えるという姿勢が、初等学校から大学入試まで一貫しているということである。日本の技術評論家諸氏も、インドの技術者について「英語を使えることや賃金面での優位性もさることながら、数学とくに証明教育で鍛えた問題解決力と論理力が優れている」という点を90年代半ばから指摘している。

ハイテク分野で世界的に高く評価されているインド工科大学（IIT）の入試問題集（日本でいう「赤本」）が手元にあるが、2000年度の数学の問題は16題全問とも証明問題である。マークシート方式中心に問題を解くテクニックばかり学習しているような日本の受験生では、手も足も出ない問題ばかりだ。ちなみに筆者もチャレンジしてみたが、制限時間内に解けた問題数は約半分で、全問を解くのには制限時間のほぼ2倍の時間を要した。もっとも、約20万人受験して2500人ほどしか合格できないという厳しさを考えると、それも仕方がないのかもしれない。

IITの入試問題や上級中等学校で行う集合論に関する証明（日本では大学数学科レベル）を本書で紹介することは適切ではないだろう。ここでは、日本の小学校にほぼ相当する初等学校の教科書の記述から、とくに本質的と思われる部分を紹介することにしよう。

次ページの図のように、日本ではかけ算を縦書きで筆算するとき、十の位、百の位、千の位と移行するにしたがって、答えの末尾を左に1つ、左に2つ、左に3つとずらしていく。みなさん当たり前のようにしてやっていることだと思うが、これは順に1つの0、2

```
  27
×319
----
 243
 27
81
----
8613
```

日本式

```
  27
×319
----
 243
 270
8100
----
8613
```

インド式

つの０、３つの０を省略している形だ。一方、インドの教科書では、それらの０を省略しないでしっかり書いてあるのだ。

なぜこんなムダなことを、と思われるかもしれない。たしかに初めから０を省略してしまったほうが、計算は（ほんの少しだが）速いだろう。しかし、０を省略しない形から入ることで、筆算を行う理屈は納得しやすくなるのである。私は小学生のとき、なぜ左にずらして書いていくのか、その意味を理解できずに困ったことが忘れられない。

インドの教科書からもう少し事例を紹介しよう。

「２＋４×７－６÷３＝２＋28－２＝28」のように、かけ算や割り算はたし算や引き算より先に計算する。この規則を教えることに関して、日本ではＡ５判の教科書のたった２ページを使って正しいやり方だけ教えて終わりである。一方、インドの教科書ではＡ４判の教科書3ページを使い、2つの計算例について、計算規則を無視するとどのようなことが起こるのかをそれぞれ3通りの方法で説明する。たとえば先の式では、「2＋4」を先に計算してしまうように。当然、相異なる〝答え〟が出てくるが、それを受けて〝計算規則〟の必要性を説き、それを導入するのである。

三角形の内角の和が180度になることを教えるところでは、三角形の3つの頂点付近を切り取ってそれらの頂点を同一の点に重なるように詰めて並べると平角（180度）ができることを示す。日本の教科書では、それを1つの三角形に対してだけ行って終わりであり、その詳しい説明文はない。インドの教科書では、それを4つの三角形に対して行い、さらに詳しい説明文も付けている。

日本のマスコミはなぜ、このような日本とインドの〝違い〟を報道しようとしないのか、ぜひ理由を知りたいものだが、これだけでもインドの数学教育が「証明力」の前段階での「試行錯誤」、そして「証明力」の後段階としての「説明文」を重視していることを窺《うかが》い知ることができるだろう。

1－1の最後に、「分数で割るには、分子と分母を取り替えてかければよい」をいきなり暗記させてはいけない、と書いた。さて、子供にそれを教えるとしたら、どうすればよいだろうか。ぜひ「試行錯誤」してみていただきたい。

1－4 マークシート問題の本質的欠陥

「裏技テクニック」を許してしまう入試問題

「小学校から高校までの教育をどう改革したところで、大学入試が変わらなければなんにもならない」という話がある。たしかにそういう面がある。

国語の試験では、「次の文を読んで作者の意図はどれか、以下のア、イ、ウ、エ、オから選んでその記号にマークせよ」という問題がよく出されるが、実際に作者が解答してみると出題者の用意した答えと全然違っていた、というようなケースがしばしばある。最近はこのような「珍事」を避けるために、故人の著作から文章を選ぶようになっているとも聞く。本質的な解決策とはほど遠いと思うが、国語に限らずあらゆる教科の試験で、マークシート問題には検討すべき課題があるだろう。もちろん数学もしかりである。

私も長い間、入試で数学のマークシート問題のチェックをよく担当してきた。そして、内容的には良問であるのに、マークシート形式にしたために危険な側面をもってしまう問題をずいぶん見つけたものである。だから数学のマークシート問題に関しては、弱点や問題点を熟知しているつもりだ。

2003年のことだが、当時教育系の大学院生であった穂積悠樹氏と一緒に大学センター入試に限定して数学マークシート問題を調査したことがある。その結果、ぼんやりと認識していた弱点や問題点が、はっきりと浮かび上がった。

結果の多くは専門誌（「日本数学教育学会誌」85巻5号）で発表したが、それ以外の結果も含めて新聞各紙でも取り上げられた。しかしながら、われわれの意図とは違って、耳目を引いたのは〝裏技〟のほうばかりだったようである。「数学マークシート問題の裏技テクニック」というような本の出版依頼までもが舞い込んでくるに及んで、私はしばらくその種の問題からは距離を置いていた。ここで、それらの要点を整理して紹介しよう。

ア．θが角度のとき、「θ／□」「□θ」などの□に入る正答は2がほとんどであり、根号√の中に1桁の整数を入れる問題では3が圧倒的に多い。また、4択や5択問題では3番めが正答であることが多い、というように、大きな偏りがある。

イ．解答に至る説明はまったくできなくても、答えだけは直観的にすぐわかってしまう問題がある。

ウ．2桁や3桁の数字を導き出す問題で、正答の最高位（最初の桁。たとえば170㎝の最高

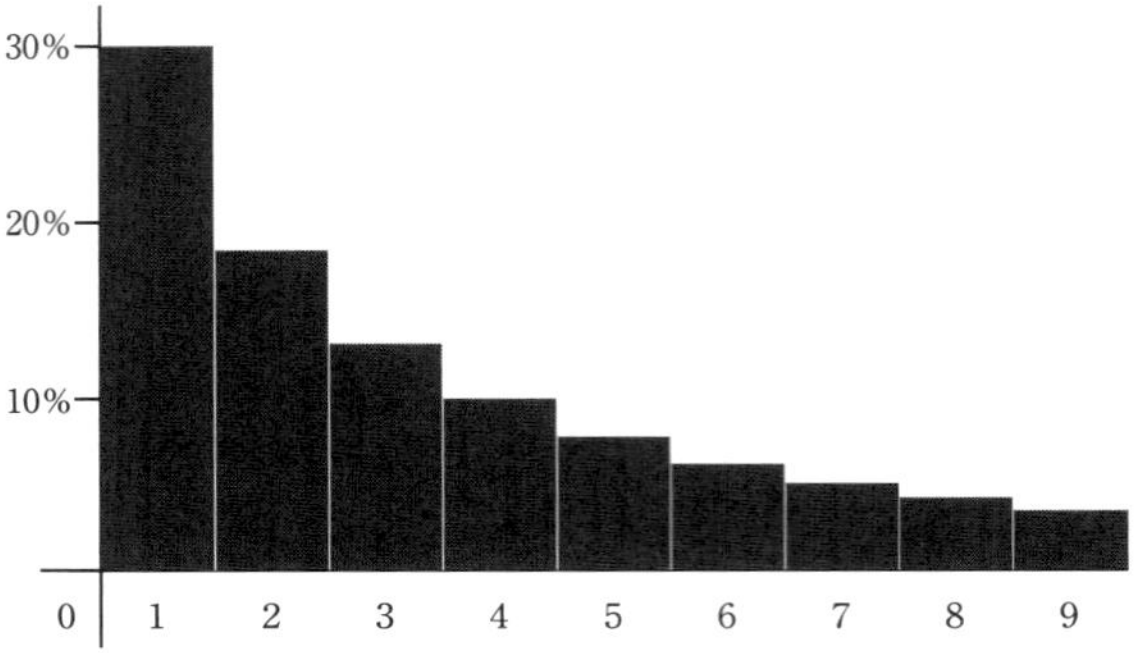

ベンフォードの法則

位の数は1で、32ページの最高位の数は3）に入る数字の約4割が1だった。すなわち、「さまざまな統計データの最高位の数が1となる割合は約30％で最も多く、2、3、4、…となるにしたがってその割合も減っていく」（正確に言えば、最高位がnである割合は10を底《てい》とする（1＋1/n）の対数）という「ベンフォードの法則」（上図）がはっきり現れている。

エ．「kの値にかかわらず」というような文字変数を使って一般化した問題では、kに具体的な数値を代入すると答えが容易にわかってしまう。

右のア、イ、ウ、エのうち、新聞・テレビ等で取り上げられたのはアとウである。4択、5択問題で出題者が正解を3番目に置きがちだという傾向は一般にも認められ、たとえば人々が特急列車の自由席に真っ先に座るのも、車両の端から3列目の席が最も多いそうである。ちなみに、「ベンフォードの法則」は1930年代に物理学者のベンフォードが発見したもので、数学的に証明されたのは90年代のことである。

たしかに〝裏技〟という立場からすると、アとウは興味を引く結果だろう。しかしながら、本質的に大切なのはイとエである。

イに関しては、詳しい解説の必要はないだろう。「説明ができること」の重要性について、異論のある人は少ないはずだ。一言付け加えておけば、答えが直観的にわかったとしても、それに至る過程がきちんと説明できなければ、その先の応用力は広がらない。直観力は大切だが、それだけでは役に立たないのだ。自分で問題に取り組んでいて、直観で答えがわかったからといって、それで終わりにしてしまう人はいないであろう。

ここで問題にしたいのはエのケースである。「一般論の展開」という意味で、本質的に重要な問題を含んでいるからだ。

「一般化」がなぜ重要なのか

「文字変数に具体的な数値を代入すると答えがわかってしまう」ということを、やさしい例で説明しよう。たとえば、

$(k-1)^3-3(k-1)+1$

を計算せよ、という問題があって、解答群は次のア、イ、ウ、エとする。

（ア）3　（イ）k^3+1　（ウ）k^3-3k^2+3　（エ）$k-1$

このとき、ふつうは$(k-1)^3$を展開して、きちんと文字計算を行う。ところがkに1を代入すると、問題の式からは$0-0+1=1$が出る。そしてア、イ、ウ、エのそれぞれに$k=1$を代入すると、順に3、2、1、0が出る。それゆえ、答えはウに定まってしまうのである。

右の例は単純な文字計算なのでそれほど驚かれないかもしれないが、少し難しい一般論を展開する問題をマークシート形式にすると、出題者の意図とはかけ離れた「解けないのに解けてしまう」解法が同じようにして現れることになる。

それならば文字変数を使って一般化した問題など出さなければいい、と思われるかもしれない。しかし、「一般化」という概念はきわめて重要なのだ。放物線を例にとってみよう。

2次関数は放物線であり、逆に放物線は2次関数で表される。しかしそれを知らない人に対して、「$y=5x^2+4x+1$」のグラフを描いて示したとき、「そのグラフはたまたま放物線になったのかもしれない。x^2の係数を5でなく6にしたり、xの係数を4でなく3にしたりすると、放物線でない別の曲線になるかもしれない」と思われても不思議ではない。それゆえ、放物線というもの全体をまとめて議論するときは「$y = ax^2 + bx + c$」($a \neq 0$)を用いるのが適切なのである。

放物線ばかりではない。数学や、数式をよく扱う物理学や経済学だけの話でもない。およそ物事の本質を探究するときは、「一般論」の展開は必須なのである。たとえば「生き物と言語」というテーマを考えるとき、人間とそれ以外の動物に分けて一般論を展開することが自然であり、個人名や犬の種類を持ち出しても的外れである。また子育ての役割を考えるとき、特殊な事情がない限り、女性としての母親と男性としての父親で一般論を展開することがふつうである。

実は文字変数を用いた数学の問題は、そのような一般論の展開に関する、よいトレーニングとなっているのだ。ところがマークシート問題化するとき、解答群にも文字変数があるような問題を出すと前述のような裏技解法を使われてしまうので、それを阻むために解答群には具体的な数値を扱うことが多くなり、一般論を展開する能力を見ることが、きわめて難しくなってしまうのである。

「一般論」と具体的事象のあいだ

２００４年５月に、東北大学の入試に関して注目すべき報告がなされた。すなわち、計算力があれば点を稼げるセンター入試の結果と、論理的に深く考える能力を試す２次試験の結果を比べると、外国語のセンター試験・２次試験のそれとは違って、数学では相関関係がきわめて弱かったというのである（04年5月30日付朝日新聞）。当然の結果であろう。「論理的に考える能力は２次試験で試せばよいではないか」とか、「理数系ならいざ知らず、文系は計算力を見るセンター入試で十分ではないか」といった反論が聞こえてきそうである。

そうではない。「一般論」と「個別論」の扱いにおいて、理系も文系もないのである。ここでちょっと話は大きくなるが、現在の日本社会の重要な課題を例にして、一般論の展開の意義について考えてみよう。

昨今の日本社会を見ると、年収が10億円前後の外資系会社のサラリーマンが話題になる一方で、正社員になれない低所得者が増え、中高年を中心に自殺者が毎年３万人を超えている。年間売上高が世界第８位になった自動車メーカーがある一方で、つぶれないと思われていた有名企業が次々と倒産している。大学も国立大学の独立行政法人化以降、「生き残り」を賭けた戦いが本格的に始まった感がある。

通常、このような現象は「二極化」という言葉で片付けられている。資本主義のルールに則って、二極化が進んでいるという議論だ。すでに二極化が定着しているといわれる一部欧米社会と比べると、日本社会では大きな混乱が起こっていることは明らかだ。この混乱の本質を見抜くことは重要だ。一個人、一企業、一大学だけを論じても解明できない問題であることは確かだが、しかし、「二極化」という一般論で片付けられるものだろうか。

私自身は真の「個性尊重」の立場から、「二極化」どころか「多極化」が望ましいと考えている。しかし現在広く使われている「二極化」という言葉には、多分に「弱肉強食化」の意味が含まれているように思えてならない。しかもルールやモラルを無視してそれが進んでいる面があり、出会い系サイトや怪しい商品のオークションで〝勝ち組〟に入るＩＴ関連会社もあれば、ダイエット薬の宣伝も負けてしまうような大げさな宣伝を教育分野にもち込んで〝勝ち組〟に入る教育関連団体なども現れている。

現在の「二極化」による混乱の本質を一言で述べると、農耕社会に、狩猟社会のルールやモラルの上に確立したシステムだけをそのまま急激に適用させようとしていることにあると言えないだろうか。

以上の是非はともかく、「一般論」と個別具体的な事象とのあいだを往復して考えるトレーニングが誰にも必要なのだ。具体的な一現象を「代入」して一般論にしてしまうのも危険であり、公式や「計算規則」を鵜呑《うの》みにして「処理能力」だけを上げるのも困るのである。

マークシート形式の設問は、時間、費用、正確さなどのプラス面が大きいのも事実である。しかしながら、そのマイナス面にも目を向けるべきときではないだろうか。深く論理的に考えるトレーニングの乏しい人材ばかりが育って困るのは、当の大学であり、ひいては日本社会なのだから。

1−5

「理数離れ」と教育行政

「文系に理科と数学は不要」という迷信

１９９８年7月に全米科学財団が発表した「科学知識国際比較」で、日本は先進14ヵ国の中で大きく遅れて13位であった。また、内閣府が90年1月と95年2月に行った「科学技術と社会に関する世論調査」の結果によると、５年間で50代や60代の科学知識に対する無関心層は減ってきているものの、逆に30代から若年層にかけての無関心層は著しく増えていることがはっきり表れている。さらに２００４年４月に発表された同じ世論調査でも、この傾向はいっそう進んでいる。

「文系進学者に理科や数学は不必要」といったかけ声のもとで、主に理科や数学の授業時間削減を目的とした〝ゆとり教育〟路線は、実は昭和50年代半ばの学習指導要領改定期から続いてきている。右の内閣府の調査結果は、その影響を直に受けた世代が理科や数学に背を向けていることをはっきりと示しているのである。

一方、「エコノフィジックス」という言葉が最近定着してきたように、経済と物理を融合させたような研究が注目されている。直接的には、金融工学の進展が大きなきっかけになっていると考えられる。80年代後半から本格的になった金融派生商品（デリバティブ）の取引に、海外の有力ヘッジファンドは冷戦時代に大陸間弾道弾の軌道計算をしていたような数理技術者を数多く起用し、一定期間にどれだけの資金で通貨や株式を買い上げれば（あるいは売りたたけば）どのくらいまで価格が上昇（下落）するかを、微分方程式などを用いてかなり精確に予想したのだ。

この例ひとつをとってみても、「文系進学者に理科や数学は不必要」という考えは、日本の国力をそぐ「迷信」と言うことができる。一部の理数系の秀才だけで、世界の金融工学の進展に対応することはできないからだ。

このような「迷信」がはびこる原因のひとつに、日本の「たて割り行政」が教育の世界にまで及んでいることを指摘しておかなければならない。

まず、高い立場に立って「今後の日本にとって、どのような教科のどのような学習が必要なのか」という肝心の議論が行われることはほとんどない。そして日本の教育行政は、各教科の縄張り争いから始まってしまう傾向が強いのだ。したがって「カリキュラムの改定は〝政治力〟がものをいう」という声も一部にある。

1994年度の学習指導要領改定のとき、「高校で女子は家庭科が必修だから男子も必修にしてはどうか。そして各教科平等の精神から、高校家庭科の必修単位数は数学のそれにそろえるべきだ」という〝意見〟がそのまま通ってしまったと言われている。「男子は家庭科が選択だから女子も選択にしてはどうか」という声が出てもよさそうなものだが、少なくとも表には出なかったようである。また、当時も〝科学技術立国〟とか〝ソフト化社会の到来〟などと叫ばれていたというのに、「高度成長期までのように高校1年と2年は全員、数学を必修に戻すことを考えてはどうか」といった主張は出なかった。

かくして、必然的に各教科どうしの垣根が高くなる。各教科がそれぞれの壁の内側に閉じこもってしまうと、他教科の内容を用いたり融合させたりして、興味を持たせ、理解を深める教育ができなくなってしまうのだ。これは深刻な事態である。

たとえば、ニュートン力学は微分積分学と切っても切れない関係にあるが、日本の高校物理の教科書には微分積分学を用いた説明がない。これは、寿司屋で「にぎり」を注文したら〝海〟からの刺身と〝田〟からの米が別々の皿に盛られて出されたのに等しいくらい、おかしなことだ。

理数教育が「面白くない」理由

〝たて割り〟の現象は高校数学のカリキュラムの中にすら起きている。教科書では「確率」と「無限等比級数」をまったく別個に記述しているが、ここで相撲の巴戦を考えてみよう。実力の同じ3人が巴戦を行うとき、最初に戦う2人が有利になるのだが、これは確率と無限等比級数を融合させると、「3人の実力が等しいとき、最初の2人の勝利確率は$\frac{5}{14}$であり、もう1人の勝利確率は$\frac{4}{14}$である」ことが導かれるのである。また、バドミントンのようなサイドアウト制（サーブ権があるときに得点）は卓球のようなラリーポイント制（サーブ権と無関係に得点）と比べて実力差がはっきりと出やすいことも、同様に数値化して示すことができる。

　たて割りのバラバラな教科教育では、このような楽しい話題は記述できないのである。

　2004年は日本のプロ野球界が大きく揺れ動いた年として記憶されるだろうが、当初は経営側の抵抗が激しくてなかなか動かなかった。それが、選手会側の行動に対して多くの国民が後押しした結果、11月には「2005年のシーズンから新球団を認め、パ・リーグは6球団のまま」でまとまった。この一連の動きをこんなふうにとらえてはどうか。「日本プロ野球機構を動かすことを妨《さまた》げている静止摩擦係数は高く、少々の力では動かなかった。しかしながら、2004年11月には多数の国民が力を貸したこともあって、ついに動いた。あとはプロ野球界の発展を目指して、動いているものを妨げる動摩擦係数に負けない力で球界がさらに大きく動くことを期待したい」などと。

「フラクタル」という言葉を聞いたことのある方も少なくないだろう。フラクタルとは、全体がその一部分と相似形になっている形であり、自然現象では海岸線、雪の結晶など、さまざまなところに見られる。社会に目を転じても、フラクタル構造に見立てられる現象があるかもしれない。たとえば戦前の日本社会は、国家・企業・家族が相似形になっていたと見られなくもない。あるいは現在でも、官僚体質を社会全体・自治体・企業内とフラクタル的に見ることができるならば、その問題の本質と対策がはっきりすることも考えられるはずである。

数学の考え方も科学的な現象も、社会問題や人間個人の問題を考えたり説明したりするうえで、さまざまなヒントに満ちている。「理数離れ」も理数系の「学力低下」も、たて割りの教育行政では解決しない。教育行政もまた、霞ケ関とフラクタル構造になっているのだろう。

1—6

「結論だけ症候群」に陥っていないか

「ムカツク」「笑える」を笑えるか

イラク戦争開戦時に、「（アメリカのイラク開戦を）断固支持します」だけをくり返し発言していた日本の首相の姿は記憶に新しい。同じ立場でも、当時のイギリスの首相が長時間を費やしてその理由を議会で説明していた姿とは、あまりにも対照的であった。

日本とアメリカの両方で医師にかかった経験のある方の多くは、「日本の医師は治療方法の説明をあまりしないが、アメリカの医師は詳しく説明する」と感じていることだろう。

日本の選挙運動、とくに地方議会選挙のそれは、何十年たってもスピーカーによる候補者名の連呼が中心で、候補者の詳しい考え方がよくわからないまま投票日を迎えることが多い。それではいけないと思って選挙公報を読むが、形ばかりの「公約」がただ箇条書きに並んでいるだけで、考え方まではわからない。

インドの数学試験の答案では、たとえ証明問題でなくても途中の説明をきちんと書かなくては○がもらえないが、日本では途中の説明はいい加減でも、答えだけ合っていれば○か△をもらえることが多い。実際、採点時間を節約するために、記述式の数学の答案でも最後の答えだけ○か×を付けて終わらせてしまう教員も少なくない。前にも述べたが、全文を書いてこそ初めて意味をもつ証明問題の教育で、日本の中学校では穴埋め式に書かせる指導が蔓延している。「日本の常識は世界の非常識」の一つにもなった感がある。

以上のような例はそれこそ枚挙にいとまがないが、日本は「結論だけ症候群」に陥っているように見える。話す側もそうだが、聞く側も「結論だけ」しか求めていない人が大半なのではないだろうか。

筆者の元へはときどき見知らぬ方から手紙が届く。多くは励まされるようなものであるが、なかには少々困ってしまうものもある。

拙著『ビジネス数学入門』(日経文庫)に、回帰直線と呼ばれるものを紹介した部分がある。1990年から98年までの男女の平均初婚年齢のデータ(厚生省「人口動態統計」)を用いて、「2017年頃には男女の平均初婚年齢差は0になる」という予測を導いている。その部分に対して、「男性と女性の心理の特性から、平均初婚年齢差が0になることは環境ホルモンによって人類が変化しない限りあり得ないことです。その部分は訂正した方がよろしいのではないでしょうか」という御指摘を受けたのであった。しかし、厚生省「人口動態統計」の90年から98年までのデータを「仮定」し、回帰直線という一つの推論の道具を用いて「2017年頃には男女の平均初婚年齢差は0になる」という「結論」を導いたこと自体に、訂正すべきものは何ひとつないのである。

この方の親切な気持ちには感謝するが、数学の考え方というものをどうも理解しておられないようだ。

よく、「世の中は数学の世界と違って、1たす1が2になるとは限らないんだよ」という表現を聞くことがある。こういう発言をする人は、「『1+1=2』は絶対自明の理であるが、世の中は矛盾だらけ」ということを言いたいのだろう。しかしながら、10進数の世界では「1+1=2」であるものの、2進数の世界では「1+1=10」、ブール代数という世界では「1+1=1」、標数2の体《たい》という世界では「1+1=0」というように、「仮定」である「世界」が異なれば「結論」は異なる。ちなみに10進数よりあとに挙げた世界は、順に計算機、回路、符号理論などで重要な働きをしているものである。

「『ムカツク』とか『笑える』としか言わない若者には困ったものだ」と言う人たちは多い。たしかにそうだ。しかしその一方で、テレビをつけると、識者といわれる大の大人たちが、仮定が違うのに結論だけワーワー言い合っている討論番組、あるいは根拠を言わないで山勘の結論だけを並べたてる評論家のコメントなどをしばしば見るのはどうしたことだろう。「ムカツク」とか「笑える」という言葉ばかりを多用する若者を批判するのはいいが、大人たちだって言葉をもっともらしく飾り立てているだけで、「結論だけ」では五十歩百歩なのである。

「国際化」といわれる時代であるからこそ、「結論だけ症候群」はすみやかに改めなくてはならない。なぜならば、国際化の本質は「相異なる環境で育った人たちが、自らの立場である『仮定』とそこから導かれる『結論』を明らかにし、異なる立場の人たちとの間で共通の認識をもてるように努力する」ことであるからだ。

持論を述べるときも人の話を聞くときも、「結論だけ症候群」に陥っていないか、重々注意したいものである。

1―7

「処理」に追われて「戦略的思考」を見失う

奇妙な数式を書く大学生

１９５０年代、あるいは60年代頃に自動車運転免許証をとった方々は、何度も故障を経験して、ブレーキ、エンジンオイル、ギヤ等の仕組みに関してかなり詳しく理解しているのではないだろうか。計算機に関しても、かつてFortranやBasic言語を用いたプログラムを自分自身で組んだ人たちは、ソフトウエアを利用するときの故障や異常に対処することができる。

他のものに関してもそうだろうが、便利になると主に使用法に目を向けることになり、仕組みの理解にはあまり目を向けなくなってしまう。そこで、必然的に費用や時間などの「処理能力」を中心に関心をもつことになる。

単なる機械に対してはそれでよいのかもしれないが、日本ではさまざまな「学習」や「課題」に対してまでも、「処理」の対象としてとらえる傾向が強い。実際、算数の問題解法に関して子供たちは少しの数式だけ適当に書いておけばよいと思っている。さらに最近は穴埋め式の試験問題が多くなった影響からか、わずかな数式すらきちんと書かなくてもよいと思っている子供たちが増えているようだ。

勘定すると、私は8大学で文系・理系合わせてのべ1万2000人ほどの学生を指導したことになる。その経験から言うのだが、等号の左辺が「数」で右辺が「集合」である数式や、「4x = 6 = 2x = 3」というような数式を平然と書き、さらに見直しても誤りを発見できないような、論理的に欠陥があると言わざるを得ない学生が年々増えている。彼らに共通して言えるのは、急ぐあまり数式をいい加減に書く悪い癖を子供の頃から身につけてしまっていて、大学生になってから直させるのに大いに苦労するということだ。

「先生の証明は素晴らしいが、その思いつき方を教えて下さい」という変な質問をしてくる学生もときどきいる。証明までもが〝初めにやり方ありき〟の困った質問である。当初はあきれてものが言えなかったが、最近は「証明の思いつき方にノウハウはありません。いろいろな試行錯誤をしているから何かのきっかけで思いつくのです」と答えることにしている。それにしても、証明問題を考えることまでも単に形式的な「処理」の対象となっているのかと思うと、まことに残念でならない。

それと表裏一体のことだろうが、昔ならば何時間でもねばり強くチャレンジし続けていたような知育玩具や、誰にでも考えることができるパズル的な問題に関して、淡白な反応を示す学生が年々増えている。試行錯誤して考える楽しさを味わってもらおうと思って出題しているのだが、そんな当方の気持ちが伝わるどころか、取り組む前から「先生、これどうやって完成させるんですか？」と質問してくることがしばしばなのだ。

「処理能力」に目を奪われる悪循環

問題を解く、課題を解決するということは、まず取り組むことであって、処理することとは違う。さらに社会に目を向けてみれば、「課題を解決する」こと以上に、意義のある課題を探すことが重要であるはずだ。ところが最近は殺伐として何かと忙《せわ》しい世相のせいなのか、時間はかかっても試行錯誤しながら課題に取り組む人材や、いろいろ考えをめぐらせて面白い課題を見つけるユニークな人材を評価するような余裕が、社会全体から失われつつあるように見える。コンピュータでもあるまいに、人間にまで「処理能力を上げること」ばかりが求められる社会になってはいないだろうか。

過去の傑出した人たちを見ても、人生で多少の脱線があったほうがユニークな人材は育つ。NHKテレビの「プロジェクトX」を持ち出すまでもなく、困難でも価値ある課題を解決しようとするとき、多くは失敗の連続から始まるものだ。そのとき何よりも必要なことは、「必ずできる」と信じ続ける気持ちである。世間では、「数学者は合理的に考えるので、ものごとを信じるということがないのではないか」と思われているようであるが、実は非常に「信じる心」を持っている。チームを組んで研究を続けることが多い理科関係とは違って、数学は孤独に考え続けることがほとんどだ。それだけに、「自分ならばこの課題を絶対に解決できる」と信じ切ってチャレンジしているのである。

日々の「処理」に追われて「処理能力」にばかり目を向けるようになると、難しい課題に自らを信じてチャレンジしようとする心の余裕がもてなくなる。そしてさらに「処理能力」に目を向けてしまうという悪循環が起こることになる。子供の頃から条件反射的に次々に問題を「処理」するような学習を繰り返して試験を乗り切ってきた学生は、そのような悪循環にはまって、ねばり強く考えることが苦手になっているのだろう。

こうしたタイプの学生は、〝試験に出題されそうな問題〟というものの解法を、その意味をよく理解しないで「暗記」によって乗り切ろうとする。「やり方」の意味も理解しないでそのように訓練していると、問題を少しひねられると手も足も出なくなる。すなわち、応用力がまったく身につかないのである。

最近、同じことが囲碁の世界でも言えることを知った。依田《よだ》紀基《のりもと》名人が『定石の原点』（筑摩書房）という書で、次のようなことを述べられていたのだ。すなわち、「定石を覚えて二目弱くなり」という格言は、定石の手順を丸暗記することのマイナス面を言っているのであり、定石を勉強するさいにはその原点をしっかり〝理解〟しなければならない。定石の原点を理解すれば、どんな変化にも大筋では間違わずに対応できるというのである。

さて、子供が発熱してから「毎日、夜遅くまで起きて遊んでたから熱なんか出すのよ」と言う母親のように、あるいは日経平均株価が暴落してから「最近は市場のファンダメンタルズが悪かったので近々暴落すると思っていた」と述べる株式評論家のように、事が起きてからさも事前にわかっていたかのような説明をするやり方を「結果論的思考」という。一方、登山前に登頂ルートを慎重に検討したり、将棋で相手の王をどのようにして詰ませるかを考えたりするように、目標に向かってさまざまな状況を考え、それを組み立てていくやり方を「戦略的思考」という。明らかに、前者は苦労がなく、後者は苦労が多い。

したがって、「処理」だけに追われる日々を送っていると、どうしても戦略的思考を忘れて結果論的思考にはまりやすくなるのだ。人生において本当に役立つのは戦略的思考であり、結果論的思考はせいぜい気休め程度にしかならない。どんなに忙しくても、ふだんから意識して戦略的思考を心がけたいものである。

第２章　試行錯誤という思考法

2−1 できなくても考えておくことが大切

子供に算数・数学を教えるコツ

私は学生・大学院生時代を通じて、家庭教師としてずいぶん多くの子供たちに算数や数学を教えてきた。自慢話になって恐縮だが、医学部受験生を始めとして、相当な成果を上げたものだ。母校である慶応義塾高校の生徒で、数学の成績が「D」(この成績が何度か続くと進級できないという最低ランク)の高校生を十数人教えたが、その全員が数ヵ月で「B」またはは「A」になった。数学嫌いの女子高校生も教えたが、みんな数学好きになり、なかには大学の数学科に進学した生徒もいる。

しかし、稀《まれ》に失敗したケースもある。それにははっきりした共通点がある。親が子供を毎日のように塾や習い事に通わせて、算数・数学の時間にはいつも疲れ果てた状態になっていた場合である。

数学家庭教師の成功の秘訣はいくつもある。子供が何をわかっていないのか、瞬時に見つけられるような質問をすること。弱気な子供には上手にほめて自信をもたせること。反対に、「そんなこともできないのか」という素《そ》ぶりすら見せないこと。目的に至るまで長い説明を要する事項に関しては、目的とその事項が何に応用できるかを先に示してやること。等々である。しかし最も重要なのは、「やり方を一方的に説明し続けるのではなく、なるべく時間をとって子供自身に考えさせること」に尽きる。

はっきり言えることは、初めからやり方を憶えてまねるだけでは、しょせんそのタイプの問題だけ「点」としてしか習得できないということだ。数学の苦手な中・高校生が試験の前日に出題されそうな問題の解答だけをあわてて憶えても、出題形式をほんの少し変えられただけで手も足も出なくなることを見ても明らかだろう。

反対に、たとえ問題が解けなくてもしばらく考えた経験があると、その解法を見つけたり学んだりしたとき、その問題の周辺までも含めて「面」として理解できる。だから自分のものになるのだ。見知らぬ土地へ車で行ったとしよう。助手席や後部座席に座って連れて行ってもらったときは憶えようとしても容易に道順を憶えられないのに、自分でハンドルを握って、地図や目印を確認しながら迷いつつも目的地に辿り着いたときには周辺の地理が自然と頭に入る。そんな経験をお持ちの方は多いのではないだろうか。「しばらく考えた経験があると『面』として理解できる」というのは、それと同じことだ。

かつて国家公務員採用第I種試験の「判断・数的推理分野」の専門委員を3年間務めて

いた関係で、いまでも公務員採用試験に向けた勉強法について尋ねられることがある。当然ながら過去問題集のようなもので学習することが多くなるが、子供の学習と同様、ほとんど考えないですぐに解答を見るのは効果的ではない。たとえできなくても、しばらく考えてから解答を見るのは効果的なのだ。それなのに、「時間があればそうしたいのですが」と言う人がいるのは理解できない。

「ひらめき」の必然性

ひとつの問題にいつまでも頭をひねっているのは、たしかに愚図で非効率に見えるかもしれない。しかしそうではない。私の現在勤務している大学には、理学系・工学系の研究者が数多くいるが、親しくなった先生方に、よい研究での「ひらめき」について集中して尋ねてみたことがある。結局のところ、他人には偶然性を強調して格好よく話している「ひらめき」でも、実際のところはさんざん考え抜いた蓄積のほんの少し上に、ふっと気がつく一瞬のことを言うようである。

「思わぬミスや人との出会いが大きな発見や発明につながった」という話をときどき聞く。だから「運がよかっただけです」というコメントになるのだが、実際には日頃から特段の試行錯誤をして考え抜いているからこそ、単純なミスや人との出会いという形で、小さいけれども決定的な刺激が与えられ、それが大きな発見や発明を引き起こすのであろう。何も考えずにひたすら偶然の出来事を待っていても、それが発見や発明を引き起こすことはないのは、考えてみれば当たり前のことである。

私自身のささやかな経験でも、置換群論という分野の研究で「無限次数の4重可移置換群の4点の固定部分群は無限位数」という不思議な定理を偶然に証明して「Journal of London Mathematical Society」という研究誌に掲載されたことがある（『置換群から学ぶ組合せ構造』日本評論社に所収）。さらにささやかな経験だが、入学試験の重要な仕事で責任者を任されていた年のある晩のこと、うなされて夢の中で入試の問題用紙に「各々」の文字が誤って「名々」と印刷されていることに気づき、タッチセーフになったという偶然の出来事もあった。両方とも、夢に見るほど考え抜き、気にし続けていたからこそ「発見」できたのに違いない。

子供たちの勉強を見ている親御さんや教師の方々へ。何かができたときにほめることも大切ですが、何かを考え抜いていることに対しても、是非ほめてやって下さいますように。

2—2 「運」から「戦略」へ

ゲーム理論は「戦略」の研究

サイコロを使った双六《すごろく》やトランプのばば抜きなどは、ずるい手を使わない限り最初から最後まで偶然性のみが結果を支配している。双六で6の目を出したいと思ってサイコロを振ったとき、その通り6の目が出る確率は1/6である。また、ジョーカーを含めて5枚のカードをもっている人から1枚を抜くとき、それがジョーカーである確率は1/5である。

双六やばば抜きは子供にとっては面白いゲームかもしれないが、大人にとっては退屈である。なぜなら考える余地がないからだ。ふつう、大人には何かしら自らの意思で選択できる戦術のあるゲームのほうが面白いはずである。サイコロやトランプを使ったゲームでも、大人たちが興じるのは、最初は「運」まかせでも途中からさまざまな「戦略」を立てなければならないゲームがほとんどである。

逆に「運」の要素が一切ないのも窮屈である。「運」と「戦略」の双方があってこそ、「ゲーム」の名に値するのだ。

数学における「確率論」と「ゲーム理論」は、一言で述べるとそれぞれ「運」の研究と「戦略」の研究である。前者は17世紀の頃から研究されてきたのに対し、後者は20世紀に入ってからだった。〝じゃんけん〟を大学入試の数学で出題するときは、グー、チョキ、パーのそれぞれの確率は1/3という暗黙の了解がある。そこには人間の癖が入り込む余地はない。もしさまざまな癖を考慮するならば、当然のようにいろいろな「戦略」が考えられ、単純な「確率」の問題としては成り立たなくなってしまうからである。ゲーム理論の研究が確率論のそれと比べて3世紀も遅れたことは、この例を見ても仕方のないことと言えるだろう。

「戦略」を研究するゲーム理論がひとつの学問として認知されたのは、「ミニマックス定理」というものが証明されたときであろう。ミニマックス定理の厳密な説明はゲーム理論の専門書には必ず書いてあるが、直観的な表現によって簡単に説明しよう。

互いにいくつかの戦術をもつ2人で行うゲームにおいて、一方が得た得点は他方が失った得点とする。ちなみにこれを「ゼロ和」という。そしてどちらも、確実に取得できる利得額を最大にする戦略を行動基準としてもつとする。それは、失う可能性のある最大の額を最小にする戦略を選ぶことと同じになる。もしそれぞれの戦術に確率をもたせなかった場合、勝負が定まらない、言い換えれば「均衡解」が定まらないことも多々あるが、それぞれの戦術に確率をもたせた場合、必ず勝負が定まる、言い換えれば「均衡解」は必ず定まるのである。

野球にたとえてみる。直球とフォークボールしかない投手と対戦することになった打者がいて、直球かフォークボールのどちらかに的を絞り、直球を待っているところに直球がくれば打者が+4点、投手が−4点、直球を待っているところにフォークがくれば打者が−2点、投手が+2点……というように、4通りの組み合わせに対して得点を取り決めたとしよう。このとき、投手が直球を投げることがわかれば打者は直球を待ち、それを投手がわかれば投手はフォークボールを投げようとし、それを打者がわかれば打者はフォークボールを待ち、……というように勝負は定まらない。そこで、投手も打者も直球とフォークボールに確率をもたせることを考える。すると、たとえば投手は直球を$\frac{1}{3}$、フォークボールを$\frac{2}{3}$の確率で投げる意識をもち、打者は直球を$\frac{1}{2}$、フォークボールを$\frac{1}{2}$で打つ意識をもてば、それぞれの状況を変更するとどちらにとっても不利になる、というような確率が定まるのだ。それが「均衡解」であり、その状況で勝負することになる。このように、「戦術に確率をもたせると均衡解が定まる」というのがミニマックス定理であり、これが誕生したとき、ゲーム理論も誕生したのである。

「戦略的思考」とは何か

そのような均衡解は当然、どのようにモデル化するかによっていろいろと違ってくる。よく「日本の野球は緻密だが、大リーグは大味である」という発言を聞くが、それは誤りである。統計調査が発達しているアメリカでは、大リーグの選手のありとあらゆる細かいデータをそろえて分析することなど、ビジネスとしてごく普通のことだからだ。

2004年のアテネオリンピックの野球で、日本は格下のオーストラリアに予選でも決勝トーナメントでも敗れた。オーストラリアチームを率いていた監督は大リーグの環太平洋地区担当のスカウトであり、日本の選手の特徴を熟知して「戦略」を描いていたのは確かだった。

ここぞというときには精神力で「運」を引き寄せ、データ（確率）の数字を裏切ってしまうようなタイプの選手には魅力を感じるものだが、松坂大輔投手の激投むなしくオーストラリアの「戦略」の前に敗れたことは事実である。松坂投手は「計算できた」、すなわち高い確率で相手を抑え込むことがわかっており、その通りになったのだが、それは相手にとっても計算通りであった。そして日本の打線は、相手の計算どおりに打てなかったのである。相手も含めていろいろな確率で起こりうるさまざまなケースを想定し対策を用意する、言い換えれば、確率に思考上の試行錯誤を加えたものが「戦略」なのだ。日本にそれが不在だったことは否めないだろう。

野球なら次があるが、人類の病の中でも最大の敵である「癌」との戦いとなれば、簡単に諦めるわけにはいかない。その癌の抗癌剤治療について、ある医師が大変興味深いことを述べている。「癌の治癒はどこまでも確率でしか言えない」としながらも、機械的に抗癌剤の量を決めて投与する通常の治療を「思考や手間は節約すべきではない」と排し、患者一人一人に対して、効果と副作用を見つつ、「次の手」も考えながら薬の適量、投与方法、薬の種類を「さじ加減」していくべきだと言うのである（平岩正樹『チャートでわかるがん治療マニュアル』講談社）。

目標を設定して、いろいろな確率をもったさまざまな事象のどのルートを通ってそこへ到達するかを考える。それこそ「戦略的思考」と言うべきである。

2—3

個数の根本は1、2、3、…と数えること

わざわざPやCを使う必要はない

物事をいろいろと考えたり分析したりするとき、対象となるものの個数を数える必要が生じることがある。一定の条件のもとで全商品を2人以上でチェックさせるためには何人のアルバイトを雇えばよいのか、一定の条件のもとで社員全体をいくつかのチームに分けてみたいがその総数はいくつだろうか、一定の条件のもとでいくつかの文字を用いた文字列の総数はいくつだろうか、等々のケースだ。

そのようなとき、日本の社会では正確に数えないことがよくある。文系の人が数学に対する苦手意識から数えようとしないことはある程度理解できる。ところが理系の人もあまり数えようとしない。その根本にある原因は多くの場合、「ものの個数を数えるときは、高校で学習した順列記号Pや組合せ記号Cを使わなくてはできない」と勘違いしているからである。

1981年に博士特別研究員としてオハイオ州立大学にいた頃、私はアパートの目と鼻

の先にあるコインランドリーまで洗濯物を自動車で運ぶ人がいるのを何度か見て驚いたものだが、両手を利用すれば数えられるものをわざわざPやCを使うことにも、まったく同じように驚かされる。結局のところPやCをなまじ知っていることがマイナスになって、日常生活で必要となるものの個数の数え上げができないのである。こういう人の「思考力」はあてにできない。

子供の頃から両手や両足の指までをも使ってものの個数を1、2、3、…と数えることを十分に行っていたり、あるいは小学校高学年から中学校の頃に樹形図のような素朴なものを使って数えることを何度も行っていれば、上で述べたようにはならないはずである。子供の頃、素朴な数え上げを十分に行わないうちに奇妙な「やり方」をたたき込まれるから、大人になってものの個数が満足に数えられなくなる、と私は考える。1－1「なぜ分数計算ができないのか?」で指摘したことと問題点は同じなのである。

大学理系学部の入試で、微分を使って極大値と極小値を求める問題や、積分を使って曲線にはさまれた部分の面積を求める問題を出題すると、意外と成績はよい。一方、問題の意味を説明すれば小学生でも十分に正解にたどり着けるような、ものの個数を求める問題を出すと、予想外に成績は悪い。

かつてテレビで、男女それぞれ5人ずつ出演してお互いに質問をし合い、気に入った者どうしのカップルを誕生させる番組があったが、そのような場面で、全女性が同一の男性を気に入る場合が5通りだとか、誰もあぶれることなく5組のカップルがめでたく誕生する場合が120通りだとか、そのような〝実用的な〟「場合の数」を求めるようなことが苦手なのである。初めから苦手意識をもって数えようとしないか、PやCのような大がかりな「仕掛け」を思い出して使おうとしてまごついてしまうからだ。「恥かしい」という気持ちを捨てて「イチ、ニ、サン、…」と童心に返って数えれば、大概の場合は求められるだろう。

およそものの個数を数えることに関しては、失敗を恥かしがらずに積極的にチャレンジしていれば、必ずミスなく正確に求められるようになるものである。経験を積むことによって、次のような留意点は自ずと身につくはずだ。

同じ性質をもった部分どうしを2度、3度と数えるのは無駄で、2倍、3倍すれば済むこと。数えている対象は、(文字の重複のような)個々のものの重複を許しているのか否かということ。数えている対象は、順番だけの違いも別々に扱うのか(順列)、あるいは順番だけの違いは同一に扱うのか(組合せ)。数えている対象は、どのような変形までを同一のものとして扱うかをはっきりさせること。等々。

さらに、あとひとつだけ留意点を追加しておこう。

ものの個数を数えることに関しては、子供でも研究者と大して変わらない域に達することがある。それは、一部の子供たちでも体験的に知っていることであるが、対象とするものが2つの成分から成り立っているとき、それらの個数を2通りに数えてみることである。

たとえば、ある店でアルバイト店員は誰もが1週間にちょうど3日出勤し、何曜日でもちょうど30名のアルバイト店員が出勤していたとしよう。このとき、田中君が月、火、土曜に出勤していることを、（田中、月）、（田中、火）、（田中、土）で表してみる。すると（名前、曜日）という対象の個数を曜日の方から計算すると、曜日は7個で各々の曜日に30名出勤しているので、（名前、曜日）の総数は210個になる。そして全アルバイトの人数をxとすると、誰もが週に3日出勤するので、xかける3が210になる。それゆえ、xは70、すなわち全アルバイト店員は70人であることがわかる。

以上は「一見愚直な数え方が、いいアイデアのもとになる」というお話だが、実はそれ以上の狙いがある。青少年を対象とする国際数学オリンピックで、日本が一般的に苦手とするものに〝整数〟の問題がある。デジタル化の時代を考えると、整数の問題すなわちものの個数の問題には、とくに強くなってもらいたいのである。

2―4

「見直し」は自らを疑うという試行錯誤

「誤りを見つけて修正する力」を身につける

　多くの教員もそうであろうが、仕事で辛いのは会議と試験監督である。前に勤務していた大学で気の合った教員と2人で試験監督をしているとき、教室の隅で試験の問題形式の良し悪しを巡って、その教員と（もちろん小声で）おしゃべりをしていた。そのとき、真面目な学生から「試験中なので先生方はおしゃべりをしないで下さい」と怒られてしまったのである。まあ、弁解の余地はない。以後、試験中はそのようなことをしないように心がけて今日に至っているが、退屈なことには変わりがない。

　試験を受けている学生から見ると、ずっと椅子に座って監督をしているような教員よりも、むしろキョロキョロ見ながら教室を歩き回っている教員のほうが真面目に監督をしているように思えるようだ。しかし実際は必ずしもそうではなく、教室をよく歩き回って監督をしている人の一部は、退屈しのぎに気分転換をしている面がある。

　私も当然その口であるが、ずいぶん前から、答案用紙をちらちら見ながら歩き回って監督をしている。そのようなとき、正解を書いてある答案を見ると嬉しいが、気になるのは小さなミスのある答案用紙である。しばらくしてから、さりげなく全員に向かって「時間の余った人はすぐに答案を提出しないで、しっかり見直してごらん」と言うことになる。

前にも述べたように、のべ8大学で文系・理系合わせて約1万2000人もの学生の授業を担当してきたこともあって、数学の答案を見ただけでもその学生の人柄や性格がおおよそ想像できる。さらに、小さなミスのある答案を書いた学生を試験の教室でしっかり確認しているので、どのようなタイプの学生が「見直し」によって答案を正しく直せるかという点に関して、その特徴をはっきりつかむことができるようになった。結論を述べると、答案を「見直し」によって正しく直せる者は、条件反射丸暗記的な問題に弱くても試行錯誤して考えることが得意であって、反対に条件反射丸暗記的な問題だけを得意としている者はその力はあまりない、ということである。

したがって、「見直し」によって誤りを見つけて直す力を身につけると、試行錯誤して考える力も自然と身につくようになる。ただ、それは決して簡単なことではない。たとえば、書籍は通常、出版前に初校、再校、念校の3回は校正を行う。これだけチェックを行っても、書籍の初版での誤りはいくつかあるのが普通である。むしろ、初版で誤りがまったくない書籍はごく稀であろう。

「誤り」を考えるとき、次の3つの型に分けて考えるとよいようだ。ひとつは、本人を含めて誰でも見直せば気づくようなミス。もうひとつは、主に本人だけが気づかない誤りで、常習的にくり返しているもの。最後のひとつは、他の人たちも容易に気づかないミスである。

最初の「本人を含めて誰でも気づくミス」の例を挙げると、写し間違いや、少ない数の数え間違いなどがある。2番目の「本人だけが気づかないミス」の例には、「さぶろくじゅうろく」とか「ふとんを引く（正しくは「敷く」）」のように、誤って思い込んでしまっているものが挙げられる。意外にこういう「思い込み」は多いのだが、いわゆるプロならば気づくものであろう。他人から注意を受けて初めて気づくことが多いが、何気なしに言ったり書いたりしている単純なことを地道にチェックしていくことによって必ず解決できるものである。

問題は最後のタイプの誤りである。論理的な詰めの部分に関して、盲点になってしまっているような場合が多いから、この手のミスを防ぐ、あるいは発見するには、自らが自分自身の考え方をひとつずつ疑ってみることをくり返すしかない。

実はきわめて優秀な数学者が証明した定理ですら、本質的な誤りが潜んでいて、何年も経過してから指摘されるようなことが稀に起こる。そのほとんどは、その分野の専門家が

「怪しい」と疑いの目を向ける部分にあるのではなく、その分野の専門家が「大丈夫」と気軽に考えてしまう部分に潜んでいる。したがって、その分野から一歩距離を置いた分野の専門家が、疑いの目をあらゆる部分に向けることによって発見されることが多い。

1㎝を100回倍にすると……

ここで、最後のタイプの一例として、比較的やさしい文章を紹介してみよう。

1㎝を倍にすると2㎝。2㎝を倍にすると4㎝。4㎝を倍にすると8㎝。8㎝を倍にすると16㎝。この倍にする作業を100回行ったとする。それに関して誰かが、「その結果の長さを東京からの距離で考えると、宇宙のどこかにはあるとしても、東京―大阪間は超えてしまうだろう」と発言した。

この文章を読んだとき、おそらく多くの人たちは、東京―大阪間の約500㎞を超えるか否かに意識を集中するだろう。そして頭の中で概算をして、「それは正しい」と言うことになる。しかしながら、実際は次のような本質的な誤りが潜んでいる。

宇宙の大きさは100億光年から200億光年（1光年は光のスピードで1年かかる距離）だ

が、1cmを100回倍にした結果はそれをもはるかに超えてしまうのである（拙著『ふしぎな数のおはなし』数研出版より）。

いずれにしろ、「見直し」は自らを疑うという形での大切な試行錯誤であり、とくに最後のタイプの「論理的な詰め」に関わる誤りを発見し、修正できるようにしておくことはきわめて重要である。その能力を身につけるためには、条件反射丸暗記的な訓練をいくらくり返してもほとんど意味はない。時間は制限しないで、あらゆるものを疑うような気持ちをもってとことん考え抜く力を身につけるべきなのだ。

いわゆる「常識」だろうと思われるものに対して、自分自身でも納得しなければそれを容易に認めず、仮にそれを用いる場合でも、きちんと「仮定」しておくぐらいの姿勢が必要である。「1cmを100回倍にする」例文で具体的に説明しておこう。

まず、「仮に宇宙の大きさは無限に広がっているとすれば、その文は正しい」と言える。そして次に、この仮定を取り除けるか否かに目を向けてみるのである。そうすれば、必然的に宇宙の大きさを調べることになり、結果として、そこに問題点が潜んでいることに気づくだろう。

2－5

「条件」の変更で何が起こるか、事前に予測する

スポーツのルール変更は「ずるい」と思うが

数学の世界で、たまに「怖い」と思うときがある。それは、ほんの少しの条件や数値の違いで、方程式の解が非存在から無限個に変わったり、中学生でも解ける問題が未解決問題に変わったりするからである。

そのような極端な変化にときどき接しているからだろうか、社会における「条件」や「約束」などが変わると聞くと、どんな変化が起きるのだろうかと考え始める癖がある。多くの場合は必要以上に考えてしまうのだが。

社会における「条件」の変更でわかりやすいのが、スポーツ競技でのルール改定だ。たとえば記憶に残るものとして、ラグビーのトライを4点から5点にしたこと、背泳でバサロ泳法をしてよい距離の制限、スキー複合競技でのジャンプの得点割合を減らしたこと、バレーボールでのサイドアウト制からラリーポイント制への変更などがある。

ルール変更の発表を報道などで知ったときには、「恣意的だ、ずるい」、つまり日本が不

利になるではないかなどと思うのだが、その一方で、その変更がどんな変化をもたらすのだろうかと想像してみると、楽しいことも多いのである。

あるプレーの得点を1点増やしただけで勝者と敗者が入れ替わりうる。規制を1m変更しただけで金メダリストが並の選手になってしまう。あるいは、夜中の24時ちょうどを「明日」に属することにしただけで、「今日」の最後の時刻がなくなってしまう。そういう、「条件」ギリギリのところで現れることの中に面白い現象が潜んでいる場合がよくある。

ただ、結果として起きている現象を見て楽しむのもいいのだが、それよりも、そのような現象の可能性を自らいろいろ探し出すほうがはるかに面白い。とくに「条件」が変更されたときに探し出すと、旬なものに巡り会える可能性が高い。たとえば、かつて「青春18きっぷ」は〝連続した〟5日間の普通列車乗り放題であったが、あるときJRが〝連続した〟を条件から外した。そのとき私は「年輩の方々がのんびりした旅行を楽しめるようになるだろう」と考えたのだが、事実その通りになったのである。こういう思考を楽しむには、常日頃から「だから何が言えるのか」を自問する癖をつけておくとよいようだ。

その自問をするときに留意したいのは、最初から一発で大物を仕留めるようなことを意識するのではなく、具体的な例をいろいろと当てはめて考えることである。そのようなことをくり返していくうちに、興味深い核心にたどり着くものだ。

ルール変更の後では「後の祭り」

もちろん、もっと切実な問題もある。

1990年代の半ば頃だったろうか、ある政治学の研究者から、「比例選挙におけるドント方式は、比例といっても多くの場合は大政党により有利に作用するはずですが、数学的な説明を書いた文献がどこにもありません。ほかの政治学の研究者に聞いても、誰も知らないみたいです」と尋ねられたことがある。

早速いくつかの文献を調べてみたが、ドント方式の規則の紹介はたくさんあったものの、その性質を証明したものが見つからなかった。そこで一日中考えて、中学校で学習する文字計算だけを用いてそれをきちんと証明した。その後、その証明は拙著（『高校「数学基礎」からの市民の数学』日本評論社）などにも書いたが、いまもって不思議に思っていることがある。

それは、ドント方式以外にもサンラグ方式や修正サンラグ方式などの比例選挙の方式があるというのに、政治学の研究者や政治家の方々は、それらの方式がもっている規則の微妙な違いにもっと興味を示してもよいのではないだろうか、ということである。

	A党	B党	C党
得票 ÷1	3960	4080	6480
得票 ÷2	1980	2040	3240
得票 ÷3	1320	1360	2160
得票 ÷4	990	1020	1620
得票 ÷5	792	816	1296
得票 ÷6	660	680	1080

ドント方式による当選人数の決め方

ここでドント方式から用語の説明をしよう。定数6人の比例選挙区で、3つの政党A、B、Cから候補者が出ているとする。選挙の結果、A、B、C各党の得票数はそれぞれ3960票、4080票、6480票になったとして、上のような表を作る。表には18個の数字が書いてあるが、この選挙では6人が当選するので、この18個の数字の大きいほうから6個を丸で囲む。それによって、A、B、Cの下にある丸で囲んだ数はそれぞれ1個、2個、3個なので、Aから1人、Bから2人、Cからは3人当選することになる。

ドント方式では1、2、3、4、…で割っていくが、サンラグ方式では1、3、5、7、…で割り、修正サンラグ方式では1.4、3、5、7、…で割るのである。日本を含めてドント方式を採用している国は多いが、サンラグ方式や修正サンラグ方式を採用している国もある。サンラグ方式は少数政党にやや有利に作用し、修正サンラグ方式はそれを少し是正していると言える。

いまから思うと、たしかに私は必要以上に細かい点にまで注意を払いすぎていたかもしれない。実際、ドント方式は各政党の得票数を、1、2、3、4、…で割っていき、それらすべての商のうち、大きいほうから当選人数分の商を定めて各政党の当選人数を決定するが、「最後の当選者を選ぶ段階で、複数の政党で商が等しくなったらどうなるか」という、可能性が限りなくゼロに近いことを、当時の自治省にわざわざ電話を入れて尋ねたのだった。ちなみにこのときは「抽選を行うでしょう」と親切に説明していただいた。

スポーツのルール改正ばかりでなく、国際的な商取引に関しても、あるいは重要な法改正についても、およそ日本人はお人好しで、規則が変更されるまではそれほど騒がず、後になってから大騒ぎする傾向があるような気がしてならない。マスコミ報道もしかりである。それではまさに「後の祭り」だ。

規則や制度の変更案が浮上したときに、自分の問題として、どんな変化が起きうるのかを自問しておきたいものである。何も数学的に細かいところまで「予測」する必要はない。具体的な例をいろいろと当てはめて、「条件」ギリギリのあたりを中心に、変化の可能性を考えればよいのである。

2―6 「正規分布信仰」からの脱却を

「寄らば大樹」は思考停止の証である

教育実習受け入れ校へお礼に回る担当教員として、私はゼミ生の実習している教室を見ることも多くあった。

日頃だらしない姿しか見せていない学生も、教育実習生になるとなぜか立派に見えてしまうものである。そうは言ってもまだ未熟であるのは仕方がない。ゼミ生たちの下手な授業を見学するのは心苦しいが、中学・高校生の生き生きとした表情を見るのは楽しい。

ただ、生徒たちの授業中の反応で、何年経っても残念なことがある。それは、教師や実習生の挙手を求める質問に対して、まず周囲の生徒の反応を確かめてから自分の立場を決める生徒が圧倒的に多いことである。なぜ、もっと自分自身の考えをしっかり決めて、それに沿って正直に反応しようとしないのだろうか。

もっとも「寄らば大樹」は昔から、日本人全般に指摘されてきた特徴ではある。たしかに国際的な問題が生じたとき、多くの日本の政治家や行政担当者は「周辺各国の対応を慎重に見極めたうえで我が国の対応を決める所存である」などという答弁ばかりを繰り返してきた。「自分自身で考えて行動するより、自分の考えはみんなと一緒、大きな木や山の真ん中にいるほうが安心だ」というのは「思考停止」以外の何ものでもないだろう。「考える技術」も何もあったものではない。

さて、富士山のような山型をした統計分布である「正規分布」は広く知られている。統計数学できわめて重要な「中心極限定理」というものなどから、正規分布の意義ははっきりと認識されている。ところが、「寄らば大樹の陰」の意識が強いがために、その正規分布をまるで山岳信仰のように、神聖なものとして特別視する教育関係者が実に多く、閉口させられることがよくある。

およそ入学試験は、受験生を合格者と不合格者の2つに分割するのだから、境界周辺の点数には受験生がほとんどいないことが理想である。それゆえ、得点分布に2つの山が現れて、山と山の間の谷の部分が合否を決める境界になることが望ましいのだ。

にもかかわらず、とくに文系の大学教員には、「入学試験の得点分布は正規分布になるべきで、その山の頂に合否を決める境界がくることが望ましい」と信じ切っている方々がかなりおられる。いくつかの大学では、入試の数学の成績が正規分布とかけ離れた形をしていたことを根拠に、数学の教員があちこちから文句を言われるという事態が往々にして起こるのである。

さらに困ったことに、数学の教員に対してそのような批判を展開する方々に限って、一方で「日本は脱・偏差値教育を目指さなくてはならない」と力説されることがしばしばなのだ。そもそも偏差値とは、100点満点の試験の得点分布を、平均が50点になるような正規分布に近づかせるものなのである。具体的には、全員の得点に関する平均をm、バラツキを示す標準偏差をsとして、各自の得点xの偏差値を(x－m)÷s×10＋50によって与えるのである。早い話が偏差値は、本質的に正規分布と切り離しては説明できないものであり、一方で正規分布に対する信仰心をもち、他方で偏差値を批判されることはまことに奇妙なことである。

受験雑誌の偏差値ランキングは、受験生が入試で受験した科目の日頃の成績から算出する。したがって少科目入試にすると、受験生はその科目だけ学習するのでその科目の日頃の成績は容易に上昇し、結果として少科目入試にした大学の偏差値はアップする。実は多くの私立大学経営者は、そのからくりを知ったうえで、80年代後半から入試科目の削減を進めてきたのである。すなわち、多分に正規分布を意識して、その山の右側に自らの大学をもってくるための対策を講じてきたのだ。

ところが、それを世間に公表する段階になると、「我が大学は個性尊重をモットーとし、いわゆる偏差値によって人間を測る社会の風潮とは一線を画しております。そこで、入学試験科目数を思い切って減らし、個性をもった多くの学生を受け入れる方向に舵《かじ》を切ることとなりました」などと説明したのであった。〝奇妙〟を通り越していることだけは確かである。

人は新たな発見や発明を求めていろいろな試行錯誤をするのであり、そのようなとき、「寄らば大樹の陰」の意識の背後に見え隠れする「正規分布信仰」は、邪魔以外の何ものでもない。その信仰に関係する教育現場での問題点を紹介してきたが、さまざまな日常生活の場面でも、同様の問題を垣間見ることができるだろう。我に返ったとき、その信仰に取り憑《つ》かれていない自分自身を発見したいものである。

2−7 「定性的」なことは暗記、「定量的」なことは試行錯誤

定性的な「結論」だけにとらわれるのは危険

「コエンザイムQ10は細胞を若返らせる」、「アミノ酸は脂肪を燃焼させる」、「動物性油脂は肥満のもと」、「紫外線は皮膚癌のもと」などの話は日常よく耳にすることだ。

　とかく日本人はそのような話題に関して過剰に反応しがちで、一部の製品が品薄状態になったり、一部の人たちは行き過ぎた偏食をしたりすることになる。それらの是非は別にして、このように「量」でなく「性質」についてのみ言及する場合を「定性的」な内容という。

　一方、「一つまみの食塩を入れる」、「砂糖を少々加える」、「酒は百薬の長であるが、一升も飲んでは危険」、「魚介類を弱火で小一時間かけて煮込む」などの言い方のように、「量」について言及する場合は「定量的」な内容といわれる。

　定性的な事柄と定量的な事柄を学ぶときは、別々にではなく、なるべくセットにして学ぶとよいのは明らかだろう。しかしながら、この2つの事柄の学び方は根本的に異なるの

である。定性的なことは主に暗記によって学ぶものだが、定量的なことは主に試行錯誤をしながら学ぶべきもの、という面がある。したがって「暗記型」の学び方も「試行錯誤型」の学び方も、どちらも同じように必要なのだが、試行錯誤をさせずに暗記教育に偏ると、定量的なものを忘れて定性的なものが暴走しやすくなるのだ。

「…が脳を活性化させる」という派手な宣伝文句をしばしば目にする。こうした文言を冷静に見ると、その物質なり行為なりが同時にもっているマイナス面を考慮していないことを仮に度外視したとしても、脳を活性化させると言われる他の物質や行為との比較に関する定量的な記述がないことがほとんどである。たとえば古くから、「よく噛《か》むこと」や「異性との触れ合い」は脳を活性化させるうえで大いにプラスであると言われてきたが、それらとの比較がなければ、冷静な判断を下すことはできないのだ。いろいろと比較して考えることは、定量的なことを学ぶ広い意味での試行錯誤にほかならないのであり、常に心がけたいことである。

定量的なものを忘れて定性的な知識しかなかった結果、一命を取り止めるようなケースもあるにはある。たとえば、自殺を図って睡眠薬を服用したが、〝適量〟を知らなかったために運良く失敗したというケースだ。もちろんこれは目的が転倒した特殊な事例であって、その逆の悲劇のほうが多いことは言うまでもない。そもそも薬品というものはすべて毒にも薬にもなるもので、これは漢方薬や健康食品にも言えることである。亜鉛やヒ素などのように、明らかに身体に有毒でありながら、人体にとって微量に摂取しなければならない必須元素でもある物質も多いのである。

ここで、日本の教育現場で定量的なことが軽視されている一例を挙げておこう。

小学校の理科で食塩の溶解を学ぶ。食塩は温度による溶解度の変化が少ないが、摂氏20度の水100gに対して食塩の溶解度は35・8gである（『理科便覧』）。したがってこのときの濃度は約26%となる。ところが、私立中学の入試で、食塩水の濃度を計算させて、答えが30%とか40%とか、摂氏100度でもありえない数字になってしまうような問題が平然と出されているのだ。

ここでもまさに機械的な計算だけを行わせ、定量的な意味を考えさせないのである。日本ではおしなべて定量的なことが軽視されすぎている結果、多くの国民は意味や過程と切り離された定性的な「結論」だけに情緒的にとらわれ、右往左往しがちであるような気がしてならない。理科の問題だけではないのだ。公共事業と財政の問題、環境リスクの問題、人口動態と社会保障制度等々、定量的な事柄への理解なしに判断を下せない問題が山積している。私たち国民は、一部の「専門家」にまかせるのではなく、定量的なことにもっと関心を払うべきだと考える。

第3章　「数学的思考」のヒント

3−1 解決のためには「要因の個数」に留意せよ

「1変数的発想」と「多変数的発想」

「単純な計算練習を、数式を省略して何度もやると、計算スピードは速くなり、数学嫌いは見る見るうちに数学好きになって頭がよくなる」といわれると、信じてしまう人は少なくない。一方、「硬いコンクリートの上を何度も走っていると、足は速くなり、野球嫌いは見る見るうちに野球好きになって勘がよくなる」と言われて信じる人は少ないだろうし、野球をこよなく愛する人は激怒するに違いない。

自分自身では理由がわからなかったさまざまな課題や現象に対して、数学を用いて自らその理由を説明できたり、あるいは他人や本の説明からその理由を理解できたりして感動を味わうことがある。そのような経験が積み重ねられることによって、人は本当の「数学好き」になっていくと私は考える。そもそも数学に限らずあらゆる分野の客観的な議論において、計算はほとんどどこかで行われているものだ。

また最初の文を信じる人に、怪しい言葉「頭がよい」の意味をいろいろ尋ねると、たいがい「計算スピードが速い」をその一要素にする。それでは計算力の弱かった偉大な科学者や数学者は、どう説明すればよいのだろうか。

難病の治療法にA（飲み薬）、B（温泉）、C（食事）があったとしよう。本来ならば「A、B、Cをいろいろと組み合せるといくらか改善するでしょう」と言うのが適切であるところを、「Aだけ毎日飲み続けると1ヵ月後に完治します」と宣伝されれば、おそらくAを買い求める患者が薬局に殺到することになる。

こうした例が示すように、物事は「ある1つの要因だけで解決する」と言われれば、それへの関心は集中しがちだ。しかしながら、実際にはそんなに単純なことは少ない。それは、みなさんよく知っていることなのである。

面白いことに、何かの宣伝文句とは思えないことがらについてまで、難題を解決するための要因を1つにしたがる傾向がよくある。集団が不運な出来事に巻き込まれたとき、そのうちの1人に責任をなすりつけてしまうこと。景気低迷の原因を政府の政策だけに帰してしまうこと。男女の仲が気まずくなったとき、相手の1つの落ち度だけをその理由として言うこと。ほかにもいくらでも挙げられるだろう。

およそ難題を解決するための要因を1つにしたがる背景には、学校教育の数学で1変数の関数しか学習してこなかった人たちが多いこともあると思われる。いずれにしろ、とくに難題の解決には、単純な1変数的発想を持ち込まないことを心がけたいものである。

一方、几帳面すぎる性格の人が問題を解決するためにたくさんの要因を挙げたり、何でも気づく性格の人がいろいろな選択に際していつも多くの決定要因を挙げたりすることがある。数学的に見ると、「かなり多変数の関数が好きである」と言えるような方々である。たとえば、お見合いをしている女性が相手の男性に対して、「身長は高くて、体重もそこそこあって、それにバランスのいい体格で、毎年指輪を買ってくれて、そうそうネックレスもね、それから、英語もできて、機械類にも強くなくちゃ困るわ。年収も最低１０００万はほしいし、結構教養もなくちゃね」と言ったとしよう。

こんなに多くの決定要因を挙げられると、聖徳太子ならいざ知らず、普通の人が聞かされたら頭の中はパニックになってしまうだろう。そのようなとき、「身長－《マイナス》体重は１００から１１０、指輪とネックレスを毎年買うお金を用意できること、１００点満点の常識テストを受けてもらって80点以上をとること」というように変数を少なく整理できないかを尋ねてみたいものである。よほどの性格の女性でない限り、「大体、その３つぐらいでいいのかしら」と言うであろう。

実際、経営学などへますます応用されるようになっている「多変量解析」という分野に「主成分分析」というものがある。主成分分析は、多くの変数をもつ情報を分析するとき、もとの変数の1次式として作られる2~3の変数（主成分）によって全体の情報を大まかにとらえるようにするものである。多くの現実問題に関して、第1主成分、第2主成分、第3主成分までで全体の情報の80%ぐらいはとらえることができる。

この事実からも、物事の解決のための要因の個数がたくさん挙げられているときは、上手に整理し直してその要因の個数を3つぐらいに抑えることも検討してみるとよい。もちろん、どれも欠くことのできないたくさんの要因がある場合も、当然ある。

余談であるが、文系大学生に対する線形代数学の講義で、「固有値」の紹介までを行う大学教員は多い。しかし、その固有値が理科や数学ばかりでなく、主成分分析の主成分を決定するときにも本質的に役立っていることに触れる教員はほとんどいない。日本国中の文系大学生が「固有値なんて、あんなもの何の役に立つんだよ。文系大学生になって幸せ気分だったのに、不運にも高校時代のイヤな数学を思い出しちゃったよ」などと嘆いているように思えてしまう。それではもったいないのだが。

3—2 目標から「お出迎え」してみよう

犬は日本に何匹いるか

最近、「直観的に数学を理解する」という見方が流行っている。数学の論理性を日頃から厳格に述べてきた私に反論を期待して、「その見方はいかがなものでしょうね」と話を向ける学生が少なくない。

たしかに、「数学を直観的にだけ理解して、それでおしまい」というのでは困る。それでは数学を用いて考えたり説明したりすることはできない。しかし、最初に直観的にイメージをつかんで、あとからしっかりと論理的に一歩ずつ積み上げて学習するならば、何ら問題はないはずだ。

実際、微分積分学を苦手とする高校生、大学生、社会人は多いが、それは学習法にひとつの原因がある。極限の概念に関する長い説明のあとに出てくる微分。細長い長方形を積み重ねる「区分求積法」に関する長い説明のあとに出てくる積分。これでは辛抱強く学習できない人は、途中で投げ出してしまうかもしれない。もし、「微分とは一言で述べると曲線の傾きを示すもので、具体的にこの点についてはこのようにして傾きが求まります」とか、「積分とは一言で述べると面積や体積を示すもので、具体的にこの部分に関してはこのようにして面積が求まります」といったことを最初の導入部分で紹介しておけばどうだろうか。おそらくあまり辛抱強くない人も、目標を見たことがプラスになって、目的意識をもって前向きに学習するだろう。

いま述べたのは数学の学習についてのことなのであまりピンと来ないかもしれないが、日常生活に関する例を考えてみるとよくわかるはずである。

旅行や登山に行くとき、事前に目的地の景色や特産品をガイドブックなどで確かめてから行くことが多い。建設途中のマンションの購入も、事前にモデルルームなどで確かめてから契約するだろう。

さて、晴れた日の登山で見通しのよいところを歩いているとき、大きく道に迷うことはほとんどない。それは、目標とする山々を始終見渡しながら歩けるからである。一方、多少の登山経験のある人ならば知っていることであるが、下から登って行くとき山頂そのものはなかなか見えない場合がよくある。その代わり、山頂直下の突出した巨岩とか、岩場に生えている一本の大木とか、山頂近くの目印となるようなものが何かしらあるのが普通だ。そして、その目印に向かって進むのである。

数学に関しても、目標とするものへの直接の道筋は立てられなくても、目標とするものの近くで、「これさえわかれば目標とするものへ達することができる」という目印のようなものがある場合がある。その目印は、「目標とするものがわかるためには何がわかればよいのか」ということを自問しつづけて見つかるものである。そして、目標となるもの自体への道筋はまったく立てられなくても、その目印への道筋なら意外にも簡単に立てられることがある。

実社会の問題についても、目標から「お出迎え」する発想は役立つ。一例を紹介しよう。

最近、厚生労働省が日本国内での狂犬病の予防接種率が50%を割っていることを発表した。厚生労働省は、その数値をどんな方法で算出したのだろうか。実はこの数値はそう簡単に算出できるものではないのだ。

よく知られているように、狂犬病は人間が感染すれば死に至る恐ろしい病気で、狂犬病にかかった動物に嚙まれることによってうつる。日本では１９５７年以降に狂犬病の発生はないが、外国ではしばしば発生が報告されており、また日本に外国から年間1万頭以上の動物が輸入されている報告も考慮すると、義務付けられている狂犬病の予防接種は絶対に行うべきものである。

狂犬病の予防接種をした犬の総数は厚生労働省のホームページ等で容易にわかるが、問題は日本に現在いる犬の総数である。ペットショップで売買した犬の総数ならばおおよそつかめるだろうが、近所で生まれた小犬をもらった場合や捨て犬を育てている場合などもよくあり、犬の登録や予防接種をしなければ、そのような犬の数は表に出るものではない。

そこで、厚生労働省が現在いる犬の総数を概算で割り出した方法は、ドッグフードの消費量であった。たしかにそれがわかれば、犬の総数はおおよそ推算できるだろう。そしてその結論はなんと、「日本には約１０００万匹のワンちゃんがいる」ということであった。

3−3 規則性の理解のために必要なこと

「2」より「3」で試すことが大切

並んでいるそろばん玉や敷き詰められているレンガタイルのように、規則性をもつものはたくさんある。そのような規則は、一度理解するとなかなか忘れるものではない。最初に具体例から「規則」を理解するときは、一般化した「規則」も理解できるようなもので学ぶことが大切なのである。

あみだくじの規則を知らない小さい子供たちに、その規則を教える場面で考えよう。当然、たて棒を何本か引き、そのたて棒どうしの間に何本かの横棒も引いて、具体的に上から線をたどっていくことによって規則を教えるだろう。

そのとき、もしたて棒が2本しかないあみだくじの場合は、横棒にぶつかるごとに左に行ったり右に行ったりするだけである。これだけで何本ものたて棒が引かれている一般のあみだくじの規則を理解できる子供もいるだろうが、多くの場合は無理である。ところが、たて棒が3本のあみだくじで具体的に教えると、多くの子供たちは何本ものたて棒が

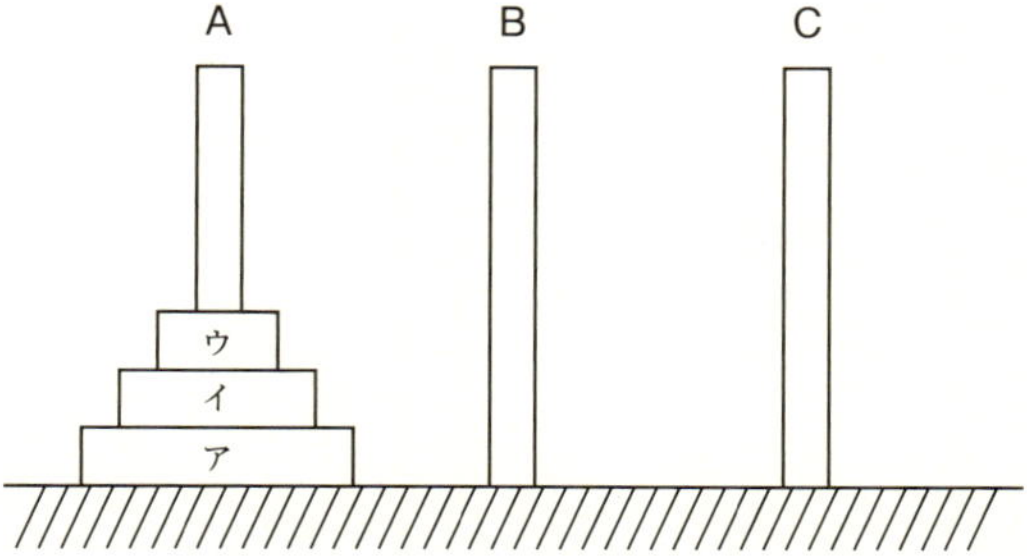

「ハノイの塔」(n=3の場合)

引かれている一般のあみだくじでも、正確に線をたどることができるようになる。

あみだくじのたて棒の本数に限らず、各自然数1、2、3、…に対して成り立つ性質を子供たちに教えるとき、「3」で教えるとだいたい一般的な性質も理解できるものである。もちろん、それは大人がそのような概念を理解するときにも言えることである。

もうひとつの例として、「ハノイの塔」を挙げよう。最初に規則を述べると、次のようになる(図参照)。

大きさが互いに異なる中央に穴のあいたn枚の円盤と、それらの穴を通すことができる3本の柱A、B、Cがある。いま、それらすべての円盤を、Aの柱に下から大きい順に通しておく。1回につき1枚ずつ円盤を移動させ、最後にすべての円盤をBの柱に移動させるという問題である。各円盤は移動したときに必ずA、B、Cのどれかの柱に通さなくてはならない。さらに、いかなるときでも、各円盤の上にはより小さい円盤しか乗せられないとする。

前ページの図で考えてみていただきたいが、実を言うとこのハノイの塔は、2のn乗マイナス1回で完成するのである。たとえばnが3のとき、2のn乗は2を3回かけて8。そこから1を引いて7。すなわち、3枚の円盤があるハノイの塔は7回で完成する。具体的にやってみると、一番大きい円盤をア、次のサイズの円盤をイ、一番小さい円盤をウとすると、1回目でウをB、2回目でイをC、3回目でウをC、4回目でアをB、5回目でウをA、6回目でイをB、7回目でウをB、と順に1枚ずつ移動すれば完成する。

もしnが2だったらどうだろう。2のn乗マイナス1は3になる。この場合、たしかに3回で完成できることはすぐわかるが、2枚のハノイの塔だけで、何も知らない人に一般のハノイの塔を理解させることは困難だ。

一方、数学の世界だけに生きていて普通の人たちの感覚がまるでわかっていない〝オタク〟的なマニアは、各自然数1、2、3、…に対して成り立つ性質をどのように他人に教えてしまうだろうか。一言で述べると、一般に成り立つ性質ゆえ、「n」などの文字や「…」を多用するのである。たとえば、あみだくじを他人に説明するときはこんな具合だ。

「ここにn本のたて棒A(1), A(2), …, A(n)がある。1≦i≦n−1を満足するどのiに対しても、A(i)とA(i+1)の間に横棒を引くことができ、……」

初めて説明を受ける人は逃げ出したくなるだろう。2次元や3次元の世界での図形の話を省略して、初めて学ぶ者に対していきなりn次元の世界の図形について話す人もいて、ほとほと困ってしまう。

「2」しか説明しない方法、「一般のn」しか説明しない方法、この両極端に走らないように注意を払わなければいけない。

「2桁×2桁だけ教えればよい」という暴論

「『2』しか説明しない」タイプの例としてとくに重大な問題と思われるものに、小学校でのかけ算の指導がある。2002年からの新学習指導要領では、当初は2桁×2桁までしか教えないことになっていた。「304×708」のような計算を考えても、2桁×2桁のたて書きのかけ算の指導だけでは不十分なことは明らかだろう。

この問題については私も新聞等で指摘した（2000年5月5日付朝日新聞「論壇」）が、その後、多くの専門家からのさまざまな批判の声に応える形で、「発展的学習」として3桁×3桁は復活した。それでも今もって「2桁×2桁のかけ算を理解すれば一般の桁のかけ算は全部理解できる」と主張しつづける人が一部にいるのは理解に苦しむ。もちろん、現場の先生でそんな主張を支持される方はほとんどいない。

インドの初等学校の教科書では5桁×3桁のかけ算などをたくさん扱っていることはすでに述べた。高等学校の図形に関しても、日本では「2」次元の平面図形が中心であるのに対し、インドでは「3」次元の空間図形に多くのページを割いて扱っているのである。

そもそも、3桁×3桁の計算は「発展的学習」などといういびつな形で復活させるのではなく、全面的に復活させなくてはならないのだ。そうでなければ、一般の桁のかけ算の仕組みをよく理解しないまま大人になってしまう子供たちが急増するだろう。『分数ができない大学生』は評判を呼んだが、いずれ日本で『かけ算ができない大人たち』というような本が書店に並ばないことを願うばかりである。

つい教育批判に力がこもってしまった。

一般論と具体論の橋渡しの重要性については1－4「マークシート問題の本質的欠陥」で述べた通りであるが、規則性、すなわち一般性を理解するうえで、「2」と「n」の間の「3」に注目することが思考のコツであるということを、ぜひ念頭に置いておいていただきたいのである。

3—4
対象を「置換」して考えよう

「コペルニクス的転回」の〝ミソ〟は「互換」にあり

2004年9月、国立天文台の縣《あがた》秀彦氏が、「太陽が地球の周りを回っている」と思っている小学校4〜6年生が42％もいるというショッキングな実態を発表した（北海道、長野、福井、大阪の4校で348人対象の調査）。私も新聞の取材に応じて次のようなコメントを寄せた。

「物事に興味や問題意識を持ち、原理原則を学び、視点を変えたり、論理的に考える作業が楽しい、面白いと多くの児童生徒が実感できていないのだろう。理数教育は国の礎《いしずえ》で由々しい結果だ。子供の心に飛び込む授業は専門知識や人生経験に裏打ちされた教える側の力量や深みが伴う問題だ。『ゆとり教育』は問題だが、子供の興味、関心、考える力をどう養うかという取り組みを省略すると、学ぶ量が増えても知識を注入する『詰め込み教育』になるだけで、何の本質的な解決にもならない気がする」（9月21日付産経新聞）

理科教育の充実を訴える立場の方々からすれば、当然、ゆとり教育で指導内容が軽薄になった学習指導要領の見直しを求めることになるだろう。数学の立場から天文学にからめて言うとすれば、「対数」の概念の学習をもっと充実させたいと思う。17世紀前半に発見され、天文学の発展に大きく寄与した対数は、人間の五感を測るときにも必ず登場する。しかし現在、高等学校でそれを履修する者がきわめて少なくなっているのだ。「人間の感覚は、与えられた刺激の変化に対してその対数の変化としてしか感じない」というウェーバー・フェヒナーの法則はあまり知られていない。底《てい》を10とした真数100の対数は2、真数1000の対数は3であるが、実際、100倍の刺激で感覚は2倍、1000倍で3倍というように、刺激は相当和らげられて感じるのだ。

さて、広く「コペルニクス的転回」といわれるものは、天動説を地動説に置き換えたものが起源であるように、固定していた対象を置き換えてみることから意外な展開や発見に至ることを意味するのだろう。

対象とするものをいろいろと置き換える「置換」の概念は、ある言語の単語の子音を置き換えて他言語と比較するなどして、比較言語学研究でも近年使われているが、15ゲームやルービックキューブなどのゲームも置換を使った身近な例と言える。そして、日本で完成した「あみだくじ」は、置換の概念を理解するうえで最良の教材である。

n本のたて棒があるあみだくじは、棒の上端にn人の名前を書くと、適当に横棒を何本か引くことによって、そのｎ人がたどり着く下端の場所はどのような順列にも仕組むことができる。それは、横一線に並んだｎ人のどのような並べ替えも、隣どうしに並んでいる２人の取り替えを何回か上手に行うことによってできることを意味している。たとえばＡ—Ｂ—Ｃ—Ｄと並んでいるとき、それをＢ—Ｃ—Ａ—Ｄと並べ替えるには、最初にＡとＢを取り替えて、次にＡとＣを取り替えればできるように（図参照）。

この事実を見てもわかることであるが、対象とするいくつかの置き換えの本質は、対象とするもののうちの２つだけの取り替えにある。なお、これを数学用語ではとくに「互換」という。「太陽が地球の周りを回っている」という文のうち、地球と太陽の互換を行ったことで、コペルニクスやガリレイは人類の歴史に永久に名を刻むに至ったのだ。化学の実験で試験薬を誤って取り違えてしまったことが思わぬ発見につながった、という話も聞いたことがあるだろう。

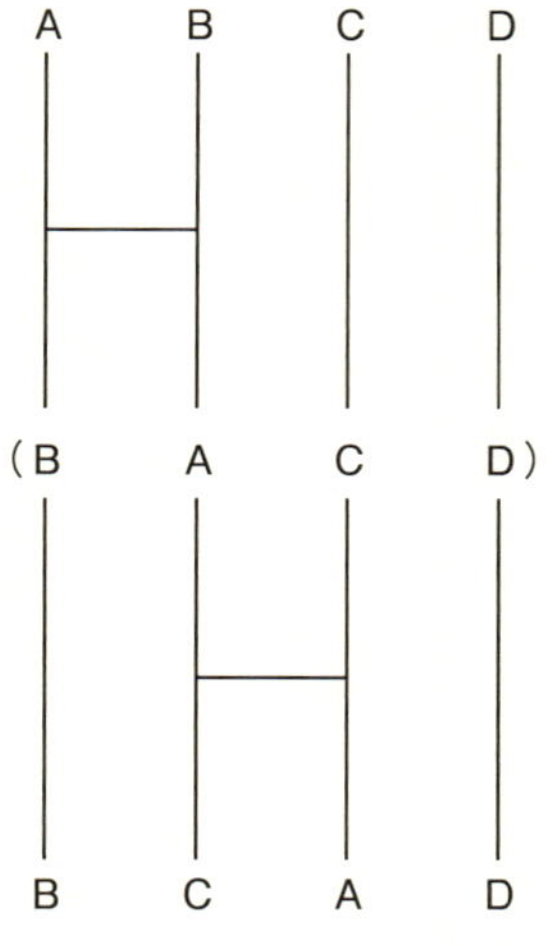

あみだくじによる「置換」

「できる生徒」と「普通の生徒」を互換すると

日常生活でも互換は面白い働きをする。シャツの前後ろを取り違えて着ている人を見たり、女装をした男子や男装をした女子を見たりすると苦笑することがある。スポーツでも、野球の打順の組み換え（置換）やサッカーのポジションの取り替え（互換）が効を奏する場合がよくある。

大切なことは、勉強でも仕事の課題でも何でもよいが、対象としているものに対して日頃から置換や互換の作用を意識的に想像してみることである。多くの場合はつまらないことしか導かれないだろう。しかし時として行き詰まっていた問題に突破口が見つかったり、重要なことの発見につながったりする場合があるのだ。

本項の最後にひとつ、教育問題に関して、「互換」によって得た提言をしてみたい。ゆとり教育導入によって大幅に削減された学習内容の一部復活として登場した「発展的学習」の扱いについてである。

発展的学習は、〝進んで〟学習する子供たちを対象とするものと定められ、教育行政の担当者から教員、生徒に至るまで、「発展的学習を学ぶ生徒はよくできる者」というとらえ方がある。ここに私は「互換」を作用させたいのである。すなわち、「発展的学習は、よくできる生徒は学ぶ必要がない。勉強を得意としない生徒こそ発展的学習によってしっ

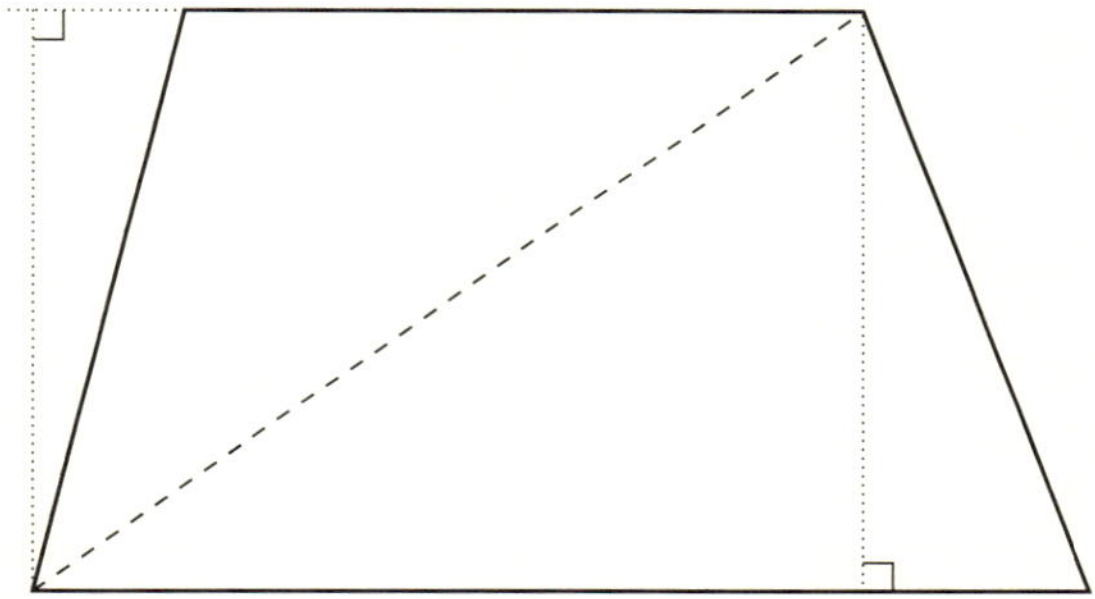

台形の面積の求め方

かり学ぶ必要がある」というものだ。なぜなら、優秀な生徒は発展的学習に盛られている内容は自らの力で発見したり理解したりすることが望ましく、普通の生徒にとって発展的学習の内容は、教えてもらうことなしに自分のものにするのは難しいからである。

たとえば、2桁×2桁のかけ算を習っただけで、発展的学習として扱われる3桁×3桁以上の一般のかけ算を理解できるのは優秀な生徒だけである。また優秀な生徒は、発展的学習として扱われる台形の面積の公式は憶えなくても、三角形の面積から台形の面積を求めることができる。しかし、普通の生徒は、「カッコ上底たす下底カッコかける高さ割る2」と公式を憶えておいたほうが無難であろう（その意味を理解させることは言うまでもないが）。図のように、対角線を1本引いて2つの三角形に分ければよいということは、容易に思いつくことではないからである。

3—5

「同型」の発想で扱いやすい世界からヒントを得る

演劇の世界・数学の世界

数学にはさまざまな「世界」があるが、それをしばしば「空間」と呼ぶ。ある研究者が空間Aにおいて性質Qを導き出せないか、と考えていて行き詰まりを感じたとき、次のような試行をよく行う。それは、性質Qが成り立つことがすでに知られている空間Bを探して、空間Bを規定するいくつもの規則からどのようにして性質Qを導き出しているのかを調べる。そして、空間Bにおけるそれに必要な部分だけをそっくり空間Aの中にコピーして組み込めないかを考える。それができれば、必然的に空間Aでも性質Qの成立が言えることになる。そのようにコピーして組み込むことについて、数学ではよく「同型（対応）」という言葉を用いる。

以上のことから気づくかもしれないが、ある空間で本質的に新しい発見をすると、それは他の空間にも「同型」を通して波及し、それがまた新しい発見につながるのである。

人々は成功を収めるためにさまざまな試行錯誤をくり返しているが、同型の発想をもっと活用したほうがよいように思えてならない。以下、いくつかの例をあげよう。

演劇の世界に惚《ほ》れ込んで、そこに入って行く人たちはいつの世にも必ずいる。そして、その世界の美に感動すると、さらに上にある美を探求して情熱を傾けるようである。ところが日本においては、諸外国と比べて、演劇の世界の外に向けて発信するよりは内に向けて発信するほうに傾いているようだ。実際、いくつかの劇団の公演を観に行ったことがあるが、しばしばそのような感じを受ける。

劇団からもらえる給料だけで生活できる人たちは限られており、多くはさまざまなアルバイトをしている。私はこうした演劇の世界で生きる純な若者が好きで、よく応援しているのだが、数学の世界と「同型」になっていると感じているからかもしれない。右の文章における「演劇」を「数学」に対応させてみよう。

数学の世界に惚れ込んで、そこに入って行く人たちはいつの世にも必ずいる。そして、その世界の美に感動すると、さらに上にある美を探求して情熱を傾けるようである。ところが日本においては、諸外国と比べて、数学の世界の外に向けて発信するよりは内に向けて発信するほうに傾いているようだ。……

さらに、どこにも勤めずに家の財産をすべて食い潰して、歴史的に有名な難問の解決にチャレンジして人生を終わらせる数学マニアは現在でも少なからずいる。たしかに、多くの数学マニアがチャレンジした「４色問題」（どのような地図も４色で塗り分け可能）や「フェルマーの予想」（nが３以上の整数のとき、$x^n + y^n = z^n$となる１以上の整数x、y、zは存在しない）が20世紀後半に解けたこともあるが、まだ「双子素数問題」（３と５、５と７、11と13、17と19、……というように、差が２の素数の組は無限個あるか）という数学マニアが注目する問題が未解決なため、それを「解いた」という手紙が年に１通ぐらいは私の手元に届く。しかしながら、証明を少し読み始めるとすぐに根本的な誤りを発見するものばかりで残念に思う。

バブルの仕組み・ゼネコンの仕組み

さて、１９９０年代前半までは、日本の数学界はきわめて内向きであった。高校の数学教諭が生徒に向かって、「君たちの多くは、対数曲線や三角関数の美などはわからないだろう。その美に触れたければ必死に勉強するがよい」などと発言するような場面が後を絶たなかったほどである。生徒からすれば、「バカ言うんじゃねえよ。そんなものよりピカソの絵のほうがまだましだよ」と思うことになる。数学の専門分野に関しても、アメリカでは応用数学が高く評価されているが、日本ではあまり評価されにくい状況があった。

そして、「数学は単なる計算技術であるから、計算機が発達した現在はやる必要がない」とか、「数学は理工系学問の基礎であるから、文系人間や実社会では無用」といった誤解や暴言に加え、「学園ドラマの悪役は決まって数学教師」などビジュアル面からの〝攻撃〟もあって、90年代前半に日本の数学は瀕死の一歩手前まで追い込まれていた。

ところが、1994年に「数学教育の危機を訴える」シンポジウムが学習院大学で盛大に開催されてからというもの、数学関係者は外の世界に向けて一斉に発信しはじめたのである。以前は数学啓蒙書を書く者をあまり評価していなかった数学者も手の平を返すように評価し始めた。そして、役立つ数学の面白さについて、中学や高校に「出前授業」をしに行く数学者も急に増えはじめた。

90年代後半に、デリバティブ（金融派生商品）取引で日本の金融法人はことごとく外国の金融法人に負けて大きな損失を計上したが、「その背景には数学力がある」ということが広く認識されるようになったことも追い風となり、2000年代に入ると数学に対する世間の目にも劇的な変化が起こった。たとえば、書店における数学書の床面積比率は90年代までは減少の一途をたどっていたのが、2000年代前半には〝数学書ブーム〟なる現象が起こり、文系の人たちも数学書コーナーに足を運ぶようになったほどである。また東京都の中学・高校の数学教員採用数では、数学の少人数教育の必要性が理解されたこともあって2004年度は急増し、他の道府県にもその現象が波及している。

そこでである。演劇の世界の人たちも、同型の発想を用いて、外の世界に向けて発信することを考えてみてはいかがであろうか。たとえば数学の世界では「日常生活と数学」をひとつのキーワードにして10年間取り組んできたが、同型の発想を用いて、「日常生活と演劇」をキーワードに、演劇の世界の魅力を外部に向けて発信するのである。全力で取り組めば、数年後には大きな変化が起こるように思えるのだが。

社会問題にも「同型の発想」を応用してみよう。

バブル経済の仕組みとゼネコンの仕組みも同型であったと考えることができる。バブル経済は、モデル化してみると次のようにして起こったのである（0.9を次々とかけていくところに注目）。10億円の土地を担保に借金をして9億円の土地を購入し、その土地を担保にして8.1億円の土地を購入し、その土地を担保にして7・29億円の土地を購入し、……。それを限りなく繰り返していくと、級数の計算によって合計約100億円の土地を所有することになる。

一方、ゼネコンの親会社は10億円の仕事を受注して、それを子会社に9億円で丸投げし、それを孫会社に8.1億円で丸投げし、……。それを限りなく繰り返していくと、グループの総売上げは合計約100億円にもなる。

このカラクリの脆弱《ぜいじゃく》性は明らかだろう。「親亀こけたら皆こける」という体質から脱却することも、日本の経済構造において改善を求められているひとつではないだろうか。

3−6 効果的な「類別」を模索しよう

既存の「類別」にこだわりすぎていないか

日本人の血液型はAが38%、Oが31%、Bが22%、ABが9%である。また、Rh+は99・5%、Rh−は0.5%である。輸血のときそれらのチェックをすることは当然であるが、なぜ日本ではそれを性格分析に使うことに根強い人気があるのか、不思議でならない。

学術的な特徴付けがないものに関して、さも特徴付けがあるかのような発言が、テレビ、雑誌、日常会話でくり返されている様を冷静に見ると、効果的な「類別」を模索することはよほど嫌いなのかと考えてしまう。そもそも性格を分析するのなら、兄弟構成のほうが、育てられ方から考えられる理由を含めて、はるかに納得できるものがある。

大学生の就職に関する報道も同じで、男子学生と女子学生の2つに類別して固定したものがほとんどである。なぜ、専攻の学部別からの類別、地域からの類別など、さまざまな類別による調査報道がないのか、いつも不思議に思う。実際、私が学習院大学数学科の助手をしていた頃は男女雇用機会均等法の成立以前であったが、授業を担当した数学科の学生を見る限り、女子のほうが男子より圧倒的に就職状況がよかった。また城西大学に在籍していた頃、薬学部の4年生だけは就職に関してまったく心配することなく研究室に毎日通っていたことを思い出す（もっとも2004年度の薬学部新設ラッシュと薬剤師に飽和感が出てきたことなどから、数年のうちに事情は急変するものと予想できるが）。

元来、「類別」は対象とするもの全部をいくつかに分けることで、その分け方によって説明が効果的になるものでなくては意味がない。数学の世界では「同値類《どうちるい》」に分けて考えるということをよく行うが、その場その場の説明でもっとも効果的な「類別」を行っているに過ぎない。

たとえば曜日の計算では、7で割った余りによって日付全体を7つに分けて考えると効果的だ。この場合は、7で割った余りが等しい日付どうしを「同値」と考えるのである。具体的に1月は31日あるから、31を7で割ると余りは3である。したがって1月と2月の同一日を比べると、2月のほうが曜日に関して3日分進んでいることになる。同様に考えていくと、3月は（閏年《うるう》でなければ）0日、4月は3日分進み、5月は2日分、6月に3日、7月に2日、8月と9月はそれぞれ3日分、10月は2日分進んでいくことがわかる。これを足し合わせていくと、1月を基準にして2月、3月、……、10月はそれぞれ3、3、6、1、4、6、2、5、0進むことになる。すなわち、（これは閏年でも同様だが）

毎月の同一の日付、たとえば13日に注目すると、1月から10月までの13日にすべての曜日（余り0～6の7通り）が現れる。だから1月から10月までのうちには必ず「13日の金曜日」があるのだ。あるいは自分の生まれた日の曜日を知りたければ、今年の誕生日までの総日数を出して7で割り、余りの日数だけ曜日をさかのぼることで簡単に求められる。

ここで、血液型性格分析や大学生の就職報道と違って、効果的な「類別」を模索することによって動き出している例をひとつ挙げよう。それは数学の習熟度別授業である。

およそ数学は、個人個人の理解度に大きな差のある教科である。中学生でも高校数学全般をしっかり理解している者もいれば、大学生でも小学校の分数計算すら怪しい者が少なくない。このような状況にもかかわらず、日本の教育はこれまで「学年別」という類別を死守してきたのである。一部の生徒にとっては退屈でたまらない数学の授業も、一部の生徒にとってはちんぷんかんぷんである。そのような授業を延々と続けてきたのであるから、相当多くの生徒たちが、ひたすら静かに我慢を強いられてきたのに違いない。

1990年代半ばに私が数学啓蒙活動を始めた当初、数学の習熟度別授業の展開を主張することは、現在と違ってかなり勇気のいることだった。それは、「能力別授業は差別を生む」と主張する立場の人たちを敵に回すばかりか、学年制や学級定員を崩すことによって教育の自由化が促進されることに反対の立場の教育行政担当者をも敵に回すことになるからであった。それがいま、「理解している内容別」という前向きな類別に踏み出しているのである。

数学は体育と同じで、各自のレベルに合わせて楽しく役立つように身につければよいのだ。実はこの〝楽しさ〟こそ肝心で、学習に関する国際比較調査のたびに指摘されているにもかかわらず、軽視されつづけている。したがって「習熟度別」にすることによって、ぜひ楽しさのわかる授業にしたいものである。

「類別」はビジネスの世界でもマーケティングや組織構成などで必須のものだが、固定的になっていないか、効果的なものであるか、一度見直してみてはいかがだろうか。

3—7
「場合分け」で課題の核心に迫る

重要な検討課題を絞り込め

入山した登山者との連絡が途絶えて遭難の可能性が高まってきたとき、関係者はさまざまな場合を想定して検討するだろう。道に迷うこと、病気、雪崩などの自然災害に巻き込まれたこと、等々。もちろん、持参した装備の内容を確かめることも重要なことである。

登山ルートが5つあって、そのうちの3つについては後から入山した登山者の情報から問題がないならば、残りの2つのルートを検討すればよい。このように、「場合分け」によって重要な検討課題は絞り込まれてくる。もちろん、他の検討課題から別の絞り込みを行うことも当然あるだろう。

ここで注意すべきなのは、いくつかの検討課題どうしは内容がクロスしていることが普通であるということだ。そこが「類別」とは根本的に違う。また、いくつかの検討課題からの絞り込みによって、残された検討すべき課題は狭まっているのが普通である。

数学の世界で一例をあげると、整数nに対してnが2の倍数の場合が解決し、nが3の倍数の場合も解決したならば、残された解決すべき検討課題は、nが6で割って余り1か5の場合だけになる（余りが0、2、4のnは2の倍数で、余り3は3の倍数）。当然、一般の整数nのままで議論を展開するより、6で割って余りが1か5という条件が付いているほうが扱いやすい。ただ数学の世界では、検討課題の絞り込みが逆に裏目に出ることがたまにある。それは、たとえば絞り込みをしなければ数学的帰納法等の一般論の展開によって解決できたものを、絞り込みをしたがために数学的帰納法が使いにくくなる、といったことがあるからである。

ちなみに、数学的帰納法とはすべての正の整数nに関して成り立つ性質を示す証明法で、n＝1のときその性質を示し、次にn＝kのときその性質が成り立つと仮定すると、n＝k＋1のときもその性質が成り立つことを示すものである。この証明法を用いるとき、下手に絞り込みの条件がつくと、そのつどそれを付けなくてはならないので、逆に議論の妨げになることがあるのだ。

鮮やかな解決には至らなくても

さて、「類別」は特徴を鮮やかに示すものを一発で仕留めるようなもので、「どのような類別をしたらよいか」というところに試行錯誤の鍵がある。血液型か、兄弟構成か、出身県か、得意科目か、などのように。

一方、「場合分け」は、いくつもの場合分けをクロスしながら検討課題の核心に迫っていくのが普通で、いろいろな場合を見つけて考えるところに試行錯誤の鍵がある。したがって数多くの試行錯誤をした後には、「場合分け」を整理し直すことになる。たとえば犯罪捜査で、目撃情報から犯人は中年の男性、脅迫電話の声からも犯人は男性、遺留品から犯人のセーターの色は茶、以上がわかったとき、犯人は「茶色のセーターを着た中年の男性」と整理することになる。

もちろん、「類別」も一種の「場合分け」なので、鮮やかな場合分けも当然ある。ここで、数学の世界からその一例となる議論を挙げよう。

3と5と7は素数である。素数とは、1とそれ自身以外では割りきれない2以上の整数である。さて、3－5で触れた「双子素数」になぞらえれば、(3、5、7)は〝三つ子素数〟とも呼べるだろう。この〝三つ子素数〟はほかにも存在するだろうか。

nが3以外の2以上の整数であるとき、整数全体を3つに分け、ひとつは3で割り切れる整数からなるA、ひとつは3で割ると余り1の整数からなるB、ひとつは3で割ると余り2の整数からなるCとする。もしnがAに属するならnは3の倍数になって素数ではなく、もしnがBに属するならn＋2は3の倍数になって素数ではなく、もしnがCに属するならｎ＋４は３の倍数になって素数ではない。したがって、ｎとｎ＋２とｎ＋４がすべて素数となるのは、ｎが３のときしかないのである。

右の証明やテレビドラマの「水戸黄門」を見ると、場合分けによって片や証明は完成し、片や巨悪は時間内に罰せられるのである。しかし実際は、解明できない難解な部分を浮き彫りにしたり、巨悪の周辺に迫るだけで、そこから核心の部分に飛び込む手がかりのないことも多い。ただそのような段階で、いつも諦めてばかりいては本質的な解決を体験することはないのだ。

3−8 質問の尋ね方に注意しよう

選択肢に分ける質問の問題点

さまざまな調査の過程では、他人に対して「質問」することが多い。実は、この「質問」自体が矛盾を含んでいたり、矛盾はないものの結果を誘導してしまっているようなものも少なくない。いずれも結果を歪《ゆが》めることになるため、そのような質問には注意したいものである。

最初に質問自体に矛盾が含まれてしまうケースを考えよう。注意すべきなのは、回答をいくつかの選択肢に分けるときである。回答したいものが選択肢になければ、質問は意味をもたない。たとえば、血液型で性格を分類することに嫌悪感を抱いている人に対して「あなたはどの血液型の人と相性が合いますか」という質問をした場合である。よく「その他」という選択肢があるが、これはそのような対策を考えたうえでのことだろう。

また、そもそも選択肢に分けること自体が不適切なのに強引に分けてしまっている質問も多い。ここで、選択肢が2つのＹＥＳ／ＮＯ型の質問で考えてみよう。

「あなたは海外に行ったことがありますか、ないですか」あるいは「あなたはいま、1万円以上の現金を所持していますか、いませんか」というような質問ならばYES／NOで答えられる。一方、九九は憶えているものの2桁どうしのかけ算はまだ十分にできない子供に対して「あなたはかけ算ができるの、できないの。どっちなの。どっちだか答えて」と聞いたり、その男性の容姿は嫌いでもその他の点は好きだと思っている女性に対して「きみは僕のこと好きなの、嫌いなの。どっちなの。どっちだか答えて」と聞いたりすると、相手は答えに困ってしまうだろう。本当は、「九九はわかっているんだけど、かけ算に10より大きい数が出てくるとできないときがあるんだ」とか、「ビールを飲み過ぎてウエストが1ｍを超えている点はちょっと嫌いだわ。でもそれ以外の点はみんな好きよ」と答えたい場合などである。

昨今、子供たちの表現能力や説明能力が衰えてきたことが学力調査を始めいろいろなところで指摘されていることを踏まえると、子供たちに対してはなるべく説明させるような質問を心がけたいものである。たしかに選択肢タイプの質問のほうが、集計のときは便利である。しかし、「心の問題」を大切にしたいという立場の人が選択肢タイプの質問（アンケート）ばかり行っていることが目立ってきており、残念でならない。

「見えない誘導質問」に注意を

「答えを誘導するような質問」には、質問自体に答えを誘導するような部分がある場合と、質問自体にはなくても答えを誘導するような環境を作っている場合がある。

前者については、たとえば、世界中から日本の景気対策を期待されている状況を説明したうえでさらなる公共事業の是非を質問する場合と、日本の国債や地方債の残高を説明したうえでさらなる公共事業の是非を質問する場合を考えてみればわかるだろう。

このような誘導質問では、あとで批判されるのは火を見るより明らかである。それは、質問文は基本的に公表されるものであるからだ。

厄介なのは後者、すなわち、質問文とその方法（面接、記名または無記名の調査票、電話など）だけ見ても誘導質問かどうかはわからない場合である。

まず、町の人気者のAと世界的スターのBについての質問を想定する。最初に「Aはかっこいいと思いますか」と聞いてから、次に「Bはかっこいいと思いますか」と聞いたとする。もしその順番を取り換えてみると、どうだろうか。おそらくAに対して厳しい答えが出るはずである。しかしながら、結果を公表する段階では、その質問の順番までは述べないことが普通なのだ。

次に、教室にいる生徒に数学に対する率直な思いを教員が質問することを想定する。そのような質問を面接による方法で行ったら、結果が大きく左右されてしまうのは明らかだ。そこで無記名による調査票を用いることにしたとしよう。しかしそれでも、調査票を配る教員の教科が数学であるか否かで、結果は違ってくるだろう。周囲に気になる人がいるかいないかは小さくない問題であるのだが、結果を公表するときには、単に「無記名による調査票」とだけ記される。

面接方法で質問するとき、質問にどれぐらいの時間をかけたかということも、結果を分析あるいは公表するときに明らかにされないのが普通だ。しかしながら、質問の所要時間というのも答えを歪めかねない要素である。たとえば、せっかちな性格の人にだらだらと時間をかけて質問すると、時としてデタラメに答えることも多いのだ。

このように、調査結果を歪んだものにしないためには、質問文と質問方法だけでは見抜けない「見えない誘導質問」にはとくに注意を払う必要があるのだ。

最後に、アンケート結果をとくに全体として使う場合、個々を見ないで全体の結果だけをひとり歩きさせてはならないことに注意したい。成果主義賃金制度や市町村合併のような問題を見ればわかるように、個々の問題を顧みることも忘れてはならないのである。

なお、統計調査の結果を説明する際には「データの個数」が重要なのであるが、それについては4－8で詳しく述べることにする。

3−9 期待値は宝くじのためにあるのではない

松井選手の「期待値」は約13点

読者の多くは高等学校の数学で確率を学んだあとに、その応用として「期待値」を学んだことだろう。ところがその内容はと言えば、「期待値と言えば宝くじ、宝くじと言えば期待値」と言えるほど、宝くじばかりである。しかも実際の宝くじと比べて、味もそっけもない架空のものだ。こんな内容で「数学に興味・関心が高まりました」と言う高校生が現れるとは思えない。

1990年代後半のこと、アメリカのとある学校で「期待値」を巡って大問題が勃発した。数学の教師が〝殺人〟を期待値の一教材として用いたことから、行き過ぎた内容に怒った父母が学校に押しかけて騒ぎが大きくなったのである。ただその教師は、殺人は相当不利な選択であることを期待値を使って教えたいと考えてのことだったので、心情的には弁護したい面もある。

このように、日米では期待値の授業でもかなりの違いがある。そして野球の本場であるアメリカでは、古くから当然のように期待値を用いて野球を研究している。

日本の高校では、数字を横に2個、たてに2個の合計4個並べた2行2列の行列が登場する。かつては1次変換という応用を扱っていたのでそれなりに意味もあったが、〝ゆとり教育〟の影響で、いまではそれも扱っていない。結局、生徒にとっては意味不明な2行2列の行列どうしのかけ算だけ教えて終わりなのである。

実は、行列には「推移確率行列」というものがあって、ある状態から次の状態へ移る様子を分析するときに用いる。

野球のアウトカウントは0、1、2の3種類だ。また塁上のランナーの状況は、ランナーなしから満塁までの8種類である。したがって野球の各打者は、24種類の状態のうちの、どれかひとつの状態で打席に入るのである。そこで、各打者に対応する24行24列の推移確率行列を主に用いて、1番から9番まで同一打者が打つとすれば9回までに何点得点が入るかを求めることができる。この「期待値」を「OERA値」といい、1977年にアメリカで発行されている「Operations Research」という研究誌で発表された。以降、野球の数学的研究は飛躍的に発展した感がある。

ちなみに巨人からヤンキースに移った松井秀喜が巨人時代に最も活躍した年度のデータを用いると、松井のOERA値は13弱であることを大学院生と一緒に計算したことがある。すなわち、1番から9番まで松井が並ぶと、9回までに約13点入ると予測できるのである。当然、OERA値を用いて打者を評価することがいまも行われており、また投手を評価する「DERA値」もある。

日本の高校の期待値を扱う数学授業で、OERA値のような話をその概略だけでも紹介してやれば、生徒の「期待値」に対する期待の気持ちも相当違うものになるのではないだろうか。かつて、「期待値から考える〝お見合い〟のよい方法」というものが一部で話題になったことからもわかるように、期待値はあらゆる分野を対象とするのだ。つまり、期待値はビジネスや経済分析などを始めとして、さまざまな分野で役に立つのである。

ただし、ひとつ指摘しておかなくてはならない課題もある。それは、たとえばOERA値を求めるとき、単打で二塁ランナーは必ずホームに帰れることになっていたり、ダブルプレーは考慮していなかったりするように、モデル化する段階である程度の強引な方法を認めるしかないことである。そのモデル化によるぶれは仕方のないものであるが、あらゆる分野を対象とするだけに、ぶれは意外と大きくなってしまう場合もある。それだけに期待値を応用するときは、とくにモデル化の規則は必ず明記すべきだろう。

自営業などの小さいビジネスの世界では、いまだに第六感を働かせて仕入れの個数やアルバイトの人数などを計画していることもある。しかしながら、仕入れた商品1個について、それが売れた場合の利益と売れなかった場合の損失はすぐにわかる。また、販売個数については、四捨五入してたとえば60個売れる確率、70個売れる確率、80個売れる確率、90個売れる確率を考えればよいとすると、その各々が売れる確率は過去のデータから求まる。それゆえ、仕入れ個数が10個単位とすると、60個仕入れた場合の期待値、70個仕入れた場合の期待値、80個仕入れた場合の期待値、90個仕入れた場合の期待値がそれぞれ求められるので、利益が最も大きくなる仕入れ個数を算出できるのである。同じようにして、アルバイトの人数を計画できることは理解していただけるだろう。

「ここに10本の宝くじがあります。1等は1000円で1本、2等は500円で2本、その他ははずれです。1本を引いたときの期待値は200円になります」というような問題しか教えてもらえない日本の高校生は可哀想である。

3—10 まめにデータをとろう

データ数を多くすると何らかの特徴が見えてくる

知育玩具を動かしたり新製品開発のために試作品にいろいろと手を加えたりすることはもちろん「試行錯誤」であるが、実験のように直接手足を動かさなくても立派な「試行錯誤」はいろいろある。とくにこの項では、対象を1つとする場合に関して、まめにデータをとることを勧めたい。なお、2つ以上のものを対象とするとき、それらの関係を示すデータについては次項で扱う。

統計などでデータを扱うとき、よく「有意水準」という言葉が出てくる。次章の4－8でより詳しく説明するが、「(対象とするものには)有意水準5%で〜という性質が認められる」ということは、「対象とするものに〜という性質は認められないと仮定する。しかるに、年単位で行っている農業実験で20年間に1度、あるいは何らかの試行で20回に1回起こるか否かのような珍しい出来事が起こった。それゆえ対象とするものには〜という性質が認められると考えよう」ということである。

実は、対象とするもののほとんどは、データ数を極端に多くすると、たいがい有意水準5％で何らかの特徴が言えるものだ。〝正常〟と思われているサイコロやコインでも、厳密には各面に多少の違いがあるので、非常に膨大なデータをとると、何らかの特徴が言えることが多い。とは言っても、苦労して得たデータから何らかの特徴を世に訴えたいときは、「検定」、すなわち有意水準を基準にしたきちんとした議論をすべきである。

私は長年にわたって行ってきた数学啓蒙活動で、統計数学的な見方の面白さを訴える立場から、いろいろと身近なデータにも注目してきた。きちんと整理してまとめたものもあればそうでないものもあるが、その中から広く興味をもっていただけたデータを紹介しよう。まめにデータをとる面白さに気づいていただければ幸いである。

最初に紹介するのは、１９９０年代の半ばにスタートした「ナンバーズ宝くじ」である。その頃数学に関する啓蒙活動を始めた私は、あるテレビ番組から出演依頼を受けて、ナンバーズ4の当選数字と当選金額のリストを慎重に分析した。当時はすでにナンバーズに関して予想本がいくつか出回っており、なかには確率計算上約87％もあることなのに、「前回出た数字の1つが次もよく出る不思議な性質がある」などと書いてあって苦笑させられた憶えがある。そこで、そのような本の内容に振り回されないようにリストをよく見て、電卓を使って計算もした。その結果、たとえば1月23日ならば「０１２３」というように「月日に関係した数字の当選金額は一般に低く」、逆に「5、6、7、8、9だけを用いて重複した数字があるものの当選金額は一般に高い」ことに気づいた。現在でもときどきナンバーズ4の抽選結果を新聞で見るが、その傾向は変わっていない。

次に紹介するのは、「3番め」ということである。

あみだくじを使ったパフォーマンスがある。どういうものかというと、まず紙にたての棒だけを6本か7本引く。次にそのたて棒の上端に6人(7人)の名前を書き、下端に1等から6等(7等)までを書く。そして周囲にいる人たちに誰を何等に行かせたいか希望を聞いて、その通りになるように即座に横棒を入れてあみだくじを完成させるのだ(拙著『ふしぎな数のおはなし』数研出版)。なかなか喜ばれるので私はよく実演するが、「一番左にいる人はどこに行かせたいですか」と聞くと、なぜか半分近くは「3等」と答えるのだ。1等は意味がない(一番左のたて棒には横棒を入れなければよい)ので、2等から6等(7等)ぐらいは同じ割合でリクエストがあっても不思議ではないのにと思ったのがきっかけで、「3番め」に関するデータをいろいろと集めた。大学センター入試などのマークシート形式による選択問題の正解も「3番め」が多いことは1-4で述べたが、どうやら人は「3番め」を好む性質が認められるようなのである。

もうひとつ、〝じゃんけん〟のデータをとったこともある。グー、チョキ、パーを出す確率は、数学の問題ではそれぞれ$\frac{1}{3}$と暗黙に決めているが、実際には「傾向」があるはずだ。そこで学生に協力してもらってデータをとってみると、のべ１万１５６７回でグーは４０５４回、パーは３８４９回、チョキは３６６４回であった。詳しくは４－１で紹介するが、有意水準１％で人は「グー」を出しやすいのである。

文学をデータで読み解く

最後に、今後発展しそうな課題をひとつ提案しよう。

『源氏物語』には昔から、「源氏物語五十四帖は紫式部がすべて書いたのか」という謎がつきまとっている。とくに有名なのが、「宇治十帖」は式部の娘・大弐三位《だいにのさんみ》の作ではないか、という説である。この説を統計数学的に裏付けた安本美典《びてん》氏の研究、それを発展させた村上征勝氏の研究が新聞や雑誌でも取り上げられるようになり、日本でも遅れ馳せながら文章の計量分析に関心が高まってきた。ここでは安本氏の研究から注目される２つを紹介したい。

「宇治十帖」全10巻の各巻平均ページ数は54、標準偏差は23・４であるのに対し、他の44巻は、それぞれ32、24・２であるという。要するに、「宇治十帖」には長編が集中しているのだ。そしてこのようになる確率は１％以下であることが、統計数学の検定法からわかる。つまり、「宇治十帖」が他の44巻と平均ページ数において異なる特徴をもっているということは、偶然とは考えにくい何かがあったのではないか、ということである。

さらに、1000字当たりの名詞の使用度に関して各巻の平均使用度と標準偏差を求めると、「宇治十帖」はそれぞれ98、7・75であるのに対し、他の44巻はそれぞれ104、11・0であるという。そして、このようになる確率も1％以下である。

すなわち、「宇治十帖」が紫式部とは別の人間の手になった可能性が高いことが、これらのデータから裏付けられるということだ。

私の勤務する理学研究科の大学院生によるいくつかの文芸作品の研究によれば、文の長さは時代が下るにつれて次第に短くなってきている傾向があり、また句読点どうしの間隔も短くなってきている傾向があるという。またワープロを用いる現在では、脅迫状からいたずらメールに至るまで、かつての筆跡鑑定に代わるものとして文章の計量分析が使われはじめている。グリコ・森永事件における脅迫状に関して、「複数の人物によって書かれたのではないか」という推理の根拠もそれによるものだ。

まめにデータをとることによって誰も気づいていない発見をする可能性があり、それがビジネスに結びつくこともあるだろう。ただしデータをとるときには、なるべくバイアスがかからないように注意しなくてはならない（3－8「質問の尋ね方に注意しよう」を参照）。

3―11
まめに相関図をとろう

2つのものの相関関係をデータで確かめる

「おじいちゃんは、前日の散歩の時間が長いと朝までぐっすり眠っているようだ」……①
「太った男性はスリムな女性を好み、やせた男性はポッチャリした女性を好むようだ」……②
「特定の商品に関して、A社とB社の戦略はほとんど関係がないよ」……③
「テーブル席だけの店内を改装してカウンター席を設けたら、一人客の合計飲食代金が伸びている感じがする」……④

このように、2つの対象の関係が注目されることは日常茶飯事である。

残念ながら、多くの場合はそこから先に進まずに井戸端会議で終わってしまう。本項ではその段階から一歩進めて、相関図を用いて視覚的にとらえてみることを提案したい。さまざまな2つの対象に関してまめに相関図をとることによって、思わぬ発見をすることもあるだろう。以下、冒頭の4つの例文に関して、具体的に述べていこう。

例文①に関して、おじいちゃんの散歩の時間と睡眠時間のデータを毎日とったとする。そして横軸を散歩の時間、たて軸を睡眠時間として、対応する点をそのグラフ上にとっていく。もしグラフが図1のように、右肩上がりの直線に沿った楕円形の雲のような形になっているならば、「散歩の時間が長ければ睡眠時間も長くなる」という傾向が確かめられたことになる。

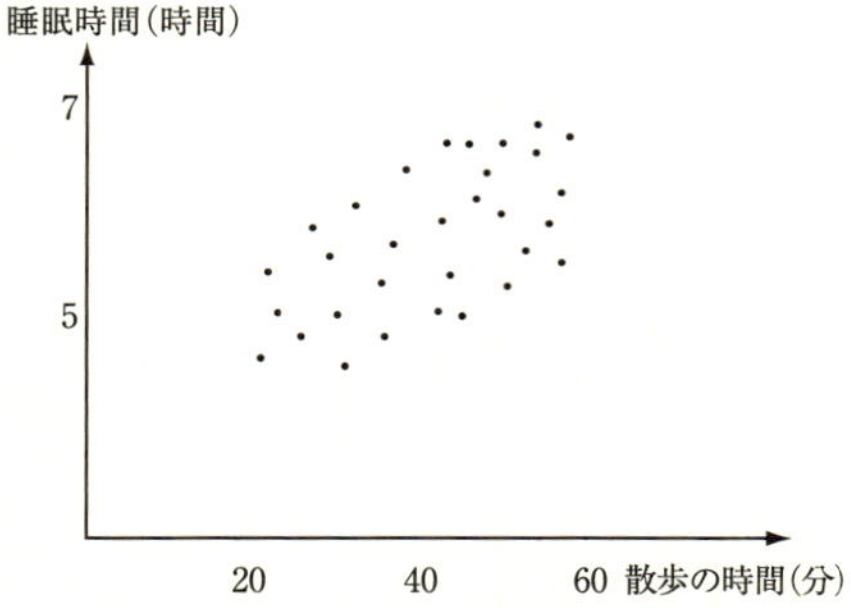

図1　おじいちゃんの散歩時間と睡眠時間

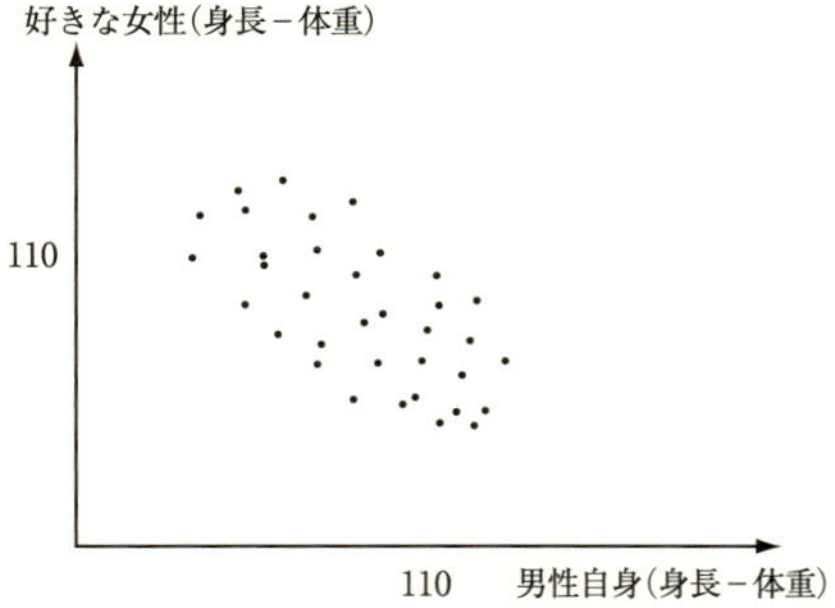

図2　体型による男性の好みの女性

例文②では、やせているか太っているかを仮に（身長－《マイナス》体重）の大小で判断することにして、なるべく多くの男性の（身長－体重）と、それぞれの好きな女性の（身長－体重）を聞いたとしよう。そして横軸を男性自身の（身長－体重）とし、たて軸を好きな女性の（身長－体重）として、対応する点をグラフ上にとっていく。もし、グラフが図2（前ページ）のような形になったならば、「太った男性はスリムな女性を好み、やせた男性はポッチャリした女性を好む」傾向が確かめられたことになる。

ここで図2の各点は、例文①のグラフとは違って、右肩下がりの直線に沿うように集まっている。男性の体型とその男性が好む女性の体型とは相関関係があることが確かめられたのだが、この場合は「負の相関」という。男性が太っていればいるほど、逆にスリムな女性を好むということだ。

例文③では、特定の商品に関するA社の売上高と、それを記録したときのその商品のB社の価格をいくつも調べたとしよう。そして、横軸をA社の特定商品に関する売上高とし、たて軸をB社のその商品の価格として、対応する点をグラフ上にとる。もし、図3のように各点がバラバラに散っていれば、同じ商品についてA社の売上げとB社の販売価格との相関関係はない、つまり例文の指摘が確かめられたことになる（ただしここでは対B社の価格戦略で見ている）。

例文④に関しては、店内改装以降の売上げ明細書を全部用意し、横軸を改装後の日数、たて軸を一人客の合計飲食代金として、対応する点をグラフ上にとる。分布が図4のようになれば、「カウンター席を設けてから一人客の合計飲食代金が伸びている感じ」がデータからも確かめられたことになる。

さて、以上で2つの対象について相関関係の有無を図によって確かめる方法はおわかり

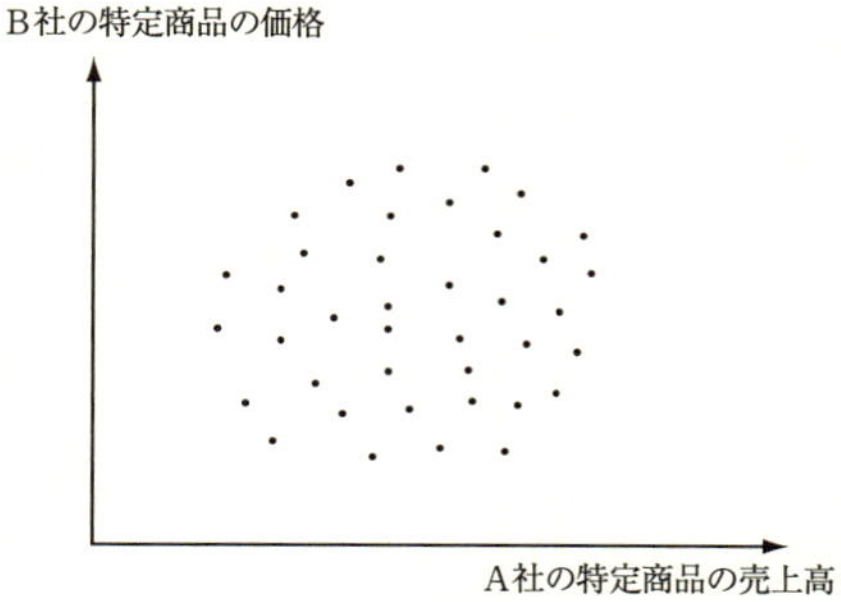

図3　A社の売上高とB社の販売価格

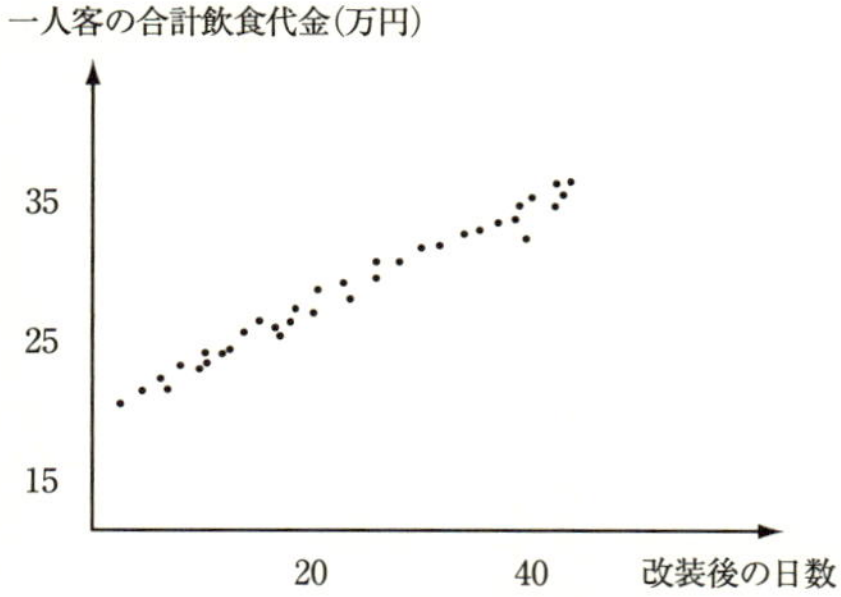

図4　改装後の一人客飲食代金

いただけたと思う。さらに相関図の傾向を数値で特徴づけるものとして「相関係数」というものがある。本書ではその詳しい解説は行わないが、相関係数の数値が何を意味するかについてのみ、簡単に説明しておこう（拙著『数学的ひらめき』参照）。

相関係数は、いわばスポットした点の集まり方を表す数値で、−1から1までの数値をとる。相関図（点の集まり）が正の傾き（右肩上がり）の直線状に近づくにつれてその値は1に近づく。例文で言えば①と④（図1、図4）が正で、④の相関係数のほうがより1に近い。逆に相関図が負の傾き（右肩下がり）の直線状に近づくにつれて、相関係数は−1に近づく。例文②（図2）がそれにあたることがおわかりだろう。そして、対象とする2つのものの間に相関関係が薄くなればなるほど、相関係数は0に近づくのである。例文③（図3）の相関係数は0に近い。

3−12

アナログ型数字、デジタル型数字の扱い方

アナログ型では「有効数字」の桁数が重要

円周率は3・14159…とどこまでも続く数である。新学習指導要領で円周率が注目されたことが幸いして、円周率を長い桁まで憶えている子供たちは逆に増えたようである。ただ、それの小数点以下第4位の5を誤って憶えたとしても、普通は大したことではない。一方で、最近の中学入試の算数問題には、「円周率を3として答えを出しなさい」という、扱いが乱暴なものも目につく。

円周率に限らず、時間や体重などの連続量的な数を主に表すアナログ型の数字は、「有効数字」の桁数が重要であることは言うまでもない。学生時代に読んだ『科学の方法』（中谷宇吉郎著、岩波新書）にあった「有効数字はせいぜい3桁」の強い印象がいまだに残っている。現在ではGPS測量のように、有効数字が7桁ぐらいにもなる例外的に精度のよいものも現れたが、「有効数字はせいぜい3桁」に変わりはなく、アナログ型の数字は上位2桁あるいはせいぜい3桁までに最も注意を払うべきなのである。

余談であるが、学生時代に読んだ本の中で忘れられないものにもうひとつ、『数学の七つの迷信』（小針晛宏《こはりあきひろ》著、東京図書）があった。こちらのほうは「数学は計算技術である」、「数学は答えの決まった問題を解くことである」などの迷信（世間の数学に関する誤解）を解くことを目的にしている。私の数学啓蒙活動の原点とも言える書で、いくらかでもその考えを受け継いだつもりであったが、歯がゆい気持ちが残る今日このごろである。

デジタル型は数字の「場所」に意味がある

さて、デジタル化時代の現在、符号化した数字ともとらえられる離散的なデジタル型の数字は、預金通帳番号やバーコードなどをはじめとして、さまざまなところで見られる。遠い宇宙からのデジタル画像を符号数値化して送信するときは、伝達段階で起こる多少の誤りに対しては受信側で修正する能力を備えている。たとえば一昔前の火星探査機マリナー号でも、どの2個の符号も16ヵ所以上で異なるような0と1からなる32桁の数字を用いていたのである。ちなみにこの場合、7ヵ所以内の誤りに関しては余裕をもって修正できるのだ。

本の裏表紙などについているISBNコードでは、最初のハイフンの前までの数字が国名（日本は4）、次のハイフンの前までの数字が出版社名（講談社は06）、次のハイフンの前までの数字が書名を表し、最後の1文字がチェック用の数字（最後の文字がXの場合は10）を意味している。このようにデジタルな数値は、数字列の場所場所によってまったく異なる意味を持っていることも多い。ISBNに関しては、1字の読み誤りに対して、修正こそできないものの、認識はできる能力を備えている。具体的にそのしくみを述べると、最初の数字に1をかけて、2番目の数字に2をかけて、……、10番目の数字に10をかけ、それら10個の結果の合計は11の倍数になっている。そして1文字が誤っているときは、その合計は11の倍数にはならない。

このように、デジタル型の数字に対しては、場所場所によって数字が表しているそれぞれの意味と、誤りに対してどのような対策が施されているかを確かめておくことが必要である。時代はデジタル化であり、整数などを抽象化させた世界の構造を扱う代数学の応用分野として符号理論や暗号理論は位置づけられる。しかしながら、代数学のしっかりした知識をもった若者が日本には少なく、国策としてその方面の研究と教育を充実させるべきではないかと考える。

5次以上の方程式は、解の公式がある2次方程式と違って一般には解けない。実は、どのような方程式が解けて、どのような方程式が解けないのかを決定する「ガロア理論」には「体《たい》」という概念が出てくるのであるが、その体のうちでも有限個の要素から成り立っている「有限体」というものが、符号理論や暗号理論の基礎となっている。その有限体を教えている大学の学科は、全国に60校ほどしかない数学科（アメリカには約1500校に数学科がある）と、ごく一部の工学部の学科だけなのだ。しかも、その中でもせいぜい1割程度の学生しか有限体を学んでいないのである。

いろいろな調査や説明をするとき、扱われる数字がアナログ型かデジタル型かをまず確かめて、次にそれぞれの注意すべき点に目を向けて作業を進めるとよいだろう。たとえば犯罪に使われる数字で考えると、上位3桁までが勝負のアナログ型の数値は足が付きにくく、符号化したデジタル型の数値は足が付きやすいのである。それは、凶器の長さよりその製品番号が判明するほうが、絞り込みは容易になることを見ても理解できるだろう。

第４章　「論理的な説明」の鍵

4—1

「論理」からの説明、「データ」からの説明

「論より証拠」を掘り下げてみる

各都道府県の算数・数学の教員研修会にときどき特別講演の講師として招かれるが、どこに出かけて行っても心に残る思い出ができるものである。福島県は地域的に会津、中通り、浜通りと分かれて研修会を行うので、高校の研修会でも1年間に2度訪れたことがある。反対に岐阜県は、岐阜大学教育学部を中心に、小・中・高の連携が他県とは比較にならないほど上手《うま》くいっているのには驚かされた。

小学校のある研修会で、「最近の小学生は6年生でも、『論より証拠』ということわざを知らない生徒が相当います」と言われたときには複雑な思いがした。たしかに「条件反射丸暗記」的な教育ばかり受けている子供たちには、そんな言葉を知る機会はないかもしれない。しかし「説明」を考えるとき、このことわざは本質に関わるものであろう。「論」と「証拠」について、あえて一項を設けた背景にはそれがある。

3－10でも触れたが、4年のゼミ生に手伝ってもらって、膨大な量の〝じゃんけん〟の

データをとったことがある。725人による、のべ1万1567回(各人は20回以下)のデータだ。結果は、グーは4054回、パーは3849回、チョキは3664回であった。ここから、「じゃんけんをするとき、人間が出すのはグーが多くチョキが少ない」ということが言える。

この説明は、「証拠」としての「データ」から述べたものである。

一方、「人間は見知らぬ人と対面すると、警戒心から手指を握って拳を作る傾向がある」こと、さらには「チョキの形の手はグーやパーよりも作りにくい」こと、などからも、「グーが多くチョキが少ない」ということが言えるようだ。

この説明は、「論」としての「論理」から述べたものである。

このように、「説明」には「データ」から述べるやり方と「論理」から述べるやり方の2種類がある。

別の例を考えてみよう。

走行中の自動車がブレーキをかけたとき、速度と、ブレーキをかけてからの制動距離の関係は、いわゆる放物線のような状態を示す。このことを「データ」と「論理」の両方の立場から説明するとしたらどうだろうか。

「データ」から説明するほうは比較的簡単であろう。たとえば、全日本交通安全協会のデ

自動車速度(km/h)	0	20	30	40	50	60	70	80	90	100
制動距離(m)	0	9	15	22	32	44	58	76	93	112

速度と制動距離の関係

ータ(上の表参照)を用いて、横軸を自動車速度、たて軸を制動距離とするグラフを描いてみると、放物線状になっていることが示せる。

一方、「論理」のほうは、高校物理で学習する摩擦力やニュートンの運動法則などの基本的な式を用いるだけで、制動距離は速度の2次式となることが示せる。

ここでは数式を用いた説明は省略するが、〝じゃんけん〟の傾向に関する説明と比べてみると、制動距離に関する説明では、「論理」からの説明のほうがより説得力をもつと感じられるのではないだろうか。

経済学にはさまざまな分野があるが、数学ときわめて関係の深いものとして、統計学を主に使う計量経済学と数理モデルを主に使う数理経済学がそれぞれ一分野として確立している。前者では「データ」が本質で、後者では「論理」が本質となっている。どちらがより説得力があるかということではない。説明においては、「論より証拠」である場合もあれば、「証拠より論」である場合もあるのだ。したがって、何かを説明しようとするとき、「論理」からか「データ」からか、自分はどちらの立場から説明しようとしているのかを自問してから説明の準備にかかるとよいだろう。もちろん、両方の立場から説明するに越したことはない。

最後に、「データ」からの説明が先行している例を挙げておこう。

厚生労働省が2005年1月に発表したところによれば、2003年の年間自殺者数は約3万2000人で、1日当たりの平均自殺者数は男性が64・1人、女性が23・9人となるが、曜日別に見ると、月曜日が、男性80・7人、女性27・3人と際立って自殺者が多いことがわかったのである。

この「月曜問題」については、「楽しい週末が期待外れに終わった失望感が影響している」とする仮説、「作業能率が上がらない曜日が月曜であるから」とする仮説など、「論理」からの説明がいくつか浮上してはいるものの、説得力のある説明には至っていない。そこで現状では、対策らしい対策を講じることができないのである。

数式などを使って論理を組み立てられるような問題ではない以上、さらなるデータ分析を行うことも含めて、推論を重ねていく以外にない。「データ」と「論理」と両面からの、早急な究明が求められるのである。

4−2

「仮定から結論を導く」ことと「全体のバランス」

「逆は必ずしも真ならず」

教員それぞれによって記述式の答案やレポートの読み方はいろいろであろうが、私の場合は、冒頭から細かい点まで順に読む前に、まず全体を見渡す。そして、2つのことをチェックする。ひとつは、「仮定から結論を導くような文章になっているか」ということ。もうひとつは、「ポイントとなる『鍵』の部分と本質的でない部分とのバランスがとれているか」ということである。

この2つは、一般の社会生活においても、「説明」を全体的に眺めてチェックする場合の注意点となるはずである。

2つの命題pとqに関して、pとqが同値、すなわち「pならばq」と「qならばp」の両方が成り立つことがある。この場合、実際にはどちらか一方の証明はやさしいものの他方は難しい、ということが大半である。そこで試験では、難しいほうの証明だけを書かせることがよくある。こうした問題の答案でやさしいほうの証明、すなわち仮定と結論が逆転してしまった証明を書かれては、点数は0にするしかないのである。

およそ大学の期末試験ばかりでなく入学試験でも、このように「逆」を証明して終わってしまっている答案は時々見かける。採点室で「あれ、この答案は逆を証明しているわ。こりゃダメだ」というような先生方の発言は、思い出しても切りがない。

ほとんどの人は、「逆は必ずしも真ならず」という言葉を何回も聞かされたことだろう。にもかかわらず、次のような誤った会話をしばしば耳にするのが残念だ。

「アナタとなんかこのまま付き合っていたって、私の人生いいこと起きないわよ」

「何でキミは、いいことが起きないことをいつも僕だけのせいにするんだよ」

問題の「核心」を説明しているか

次に、バランスがとれていない答案やレポートの例を2つ紹介しよう。

1つは「三角形」としての一般論の設問であるにもかかわらず「正三角形」に限定して解答が書いてあり、最後に「普通の三角形でも似たようにして証明できる」などとごまかしているもの。もう1つは、いろいろな値をとるAとBに関して、AがB以上であることは明らかであって、AとBが等しくなる状況に関する設問であるにもかかわらず、AがB以上になることの証明で解答欄のほとんどを埋め尽くしてしまうもの。

前者は設問の核心を限定して解いているのであり、後者は設問の核心をずらして解いているのである。

のべ約1万2000人の成績をつけた大学教員の経験から言えば、バランスがとれていない的外れな答案やレポートで注意すべきところは主にこの2つである。0点にしてもよいのだが、努力点はつけるようにしている。

ただし、入試や期末試験を含めて「バランスがとれていない的外れな答案」と見えたものが、よく見ると立派な正解の答案であることもあるので、数学の採点は注意が必要だ。

参考までに一例を紹介しよう。

nについての数学的帰納法に関する問題では、普通はn＝1のときを示し、次にn＝kのとき成り立つとしてn＝k＋1のとき成り立つことを示せば完成する。ところがその答案は、n＝1のときを示し、n＝2のときを示し、n＝3のときを示し、そしてn＝kのとき成り立つとしてn＝k＋1のとき成り立つことも、きちんと書いてあったのだ。「n＝1のときを示し、n＝2のときを示し、n＝3のときを示し」ているような答案は、普通はほとんどがそれで終わってしまって、その後の重要な部分がない。すなわち、「n＝kのとき成り立つとしてn＝k＋1のとき成り立つ」がないのだが、この答案ではきちんと書かれてあったのである。

社会に目を向けても、「バランスがとれていない的外れな説明」がいくつもある。問題点を限定している例と、問題点をずらしている例を紹介しよう。

国政選挙の選挙運動期間中、地方の候補者の発言も、その人の発言内容を伝える地元のマスコミも、〝国〟の政治であることを忘れて〝地域〟の政治に限定してしまっている。よくあることだが、「説明」としては候補者も地元メディアも落第なのである。これが前者の例だ。

また、最近の国内外の学力調査の結果を見ても、現在の日本の学力問題の核心は「論述能力」である。ところが日本のマスコミはいつの間にか単純な「計算力」や漢字の読み書きについての議論をしている。つまり、問題の核心を別のものにずらしてしまっているのである。

自分自身が何かを説明するときも、あるいは誰かの発言を聞いたり読んだりするときも、局所的な部分でなく全体的に眺めて、「仮定から結論を導く」形になっているか、論点について「全体のバランス」がおかしくなっていないか、チェックしたいものである。

4—3 どんな説明にも必ず「鍵」がある

「証明には公式や定理が必要」という誤解

欧米と違って日本では大半の人たちが〝数学嫌い〟である。1991年に発行された「国立教育研究所紀要」(第119集)以降、私はその種の調査資料には一通り目を通しているが、欧米の若者は約7割が「数学は生活に役に立ち面白い」と考えている一方で、日本の若者でそのように考えているのは、よくて3割程度なのである。数学的なものの考え方の重要性や面白さを知ってもらおうという啓蒙活動も、それまでの反省もこめて、主にこうした数学嫌いの人たちを対象として努力してきたつもりである。

「学生時代にこのような話を聞いていたら数学を好きになっていたかもしれない」という言葉を非常に多くいただいたことは嬉しかったが、学校時代に心に宿った数学に対する〝恨み〟の気持ちをどうしても変えることができない人たちもいた。そうした人たちに共通した特徴として、数学に関して〝誤解〟している面がたくさんある、ということがあった。〝恨み〟と〝誤解〟だけをまとめて「数学なんて大っ嫌い!」という書を本気で出版したいと思っているほどである。

こうした誤解のひとつに、「数学の証明問題を解くときには、…の公式とか〜の定理といった、名称のついた公式か定理を重要なポイントで用いないといけない」というものがある。「2次方程式の解の公式」とか「三平方の定理」というようなものが重要なポイントで登場しないと「証明」にはならない、と考えているようである。

たしかに、犯罪捜査の「犯人逮捕の直接の決め手」となる重要なポイントに対応するものが証明にもあり、一部では「鍵」と呼ばれている。門の扉で使われている鍵も普通は1個、また時として2個の場合もあるものだが、証明の「鍵」も同じである。いわゆる、「…の部分が示せれば、あとはすべて完成するのだが」という部分のことだ。そこを学校教育では、しかつめらしい呼び名のついた公式や定理ばかり用いるので、そういうものを使わないものは証明ではないような誤解が生まれるのだろう。

実際、最先端の数学の研究では、「鍵」の部分にすでに名称の付いた公式や定理が来ることはまずない。もしそうなら、その問題はすでに知られている公式や定理から直ちに導かれるものであり、「本質的に新しく証明された定理」にはほとんどなり得ないからである。すなわち、「鍵」の部分でも新しいものを創造しなくては、「本質的に新しい」ものとはあまり認められないのだ。

一般の説明に関しても同じことが言える。すなわち、どんな説明にもだいたい1つ、時として2つぐらいの「鍵」があり、その名称はないものが普通である。以下、「〝じゃんけん〟はなぜ『3すくみ』に落ち着いたのか？」について説明しよう。それには2つの「鍵」を用意しているつもりである。

「3すくみ」の起源がどのあたりになるかはよくわかっていないが、少なくとも中国の唐の時代の書『関尹子《かんいんし》』には3すくみの考えが記されてあったという。登場するのはヘビ、カエル、ムカデの3つで、ヘビはカエルに勝ち、カエルはムカデに勝ち、ムカデはヘビに勝つのである。

アジアの一部には、「5すくみ」になるじゃんけんの変形が残っているそうだ。5個から2個をとる組合せの総数は10だから、「5すくみ」だと10種類の勝ち負けのパターンを憶えなくてはならない。それら10種類を、子供や酔っぱらったお父さんがすぐに思い出すのは少し難しいのではないだろうか。まして「6すくみ」、「7すくみ」……となったら、多くの人は手元に表を置く必要があるだろう。

それでは「4すくみ」はどうだろうか。4個から2個をとる組合せの総数は6だから、6種類ならば憶えたり思い出したりすることは難しくないだろう。いま、4つの手をA、B、C、Dとすると、Aに対してB、C、Dどれもが勝ったり、Aに対してB、C、Dどれもが負けたりしては明らかに意味をもたない。そこで、Aに対して2つの手が勝って1つの手が負けるか、Aに対して1つの手が勝って2つの手が負けるか、のどちらかとなる。しかし、どちらの場合も不釣合い（不公平）である。これが「4すくみ」が広がらない理由であろう。「4」が一般の「偶数n」になっても不釣合いなことは同じである。

なお、「5すくみ」の場合には、1つの手に対して、2つの手が勝ち2つの手が負けるようにすれば、不釣合いな状況は起こらない。それゆえ、「5すくみ」は一部で残っているのだろう。「5」が一般の「奇数n」になっても不釣合いな状況が起きないようにできることは事実である。

どうだろうか。右の説明の「鍵」は、「5すくみ以上だと憶えるのが大変」ということと、「4すくみだと不釣合い（不公平）」ということだ。決まった名前の公式や定理を使わなくても、「論理」から説明することはできるのである。

4―4 「すべて」と「ある」の用法は否定文と一緒に理解する

正しい否定文が書けない大学生

米国オハイオ州立大に博士特別研究員として在籍していた頃、「Don't you mind ～」というような否定疑問文で質問されるのが苦手で、一呼吸おいてから「Yes, ～」とか「No, ～」と答えていたことを思い出す。おそらく、英語が必ずしも得意とはいえない多くの日本人の共通の問題ではないだろうか。

「すべての社員は運転免許証をもっている」や「クラスのある生徒は出身が北海道だ」などの肯定文においては、「すべて」と「ある」の使用法を誤ることはないだろう。

ところが、それらの用法に否定文が絡むと話は別である。ずいぶん前のことだが、数学科の学生の答案用紙を見ているとき、次の文の否定文をきちんと書ける者がきわめて少ないことに驚かされた。

「すべての正の数qに対して、ある正の整数nがあって命題P(q, n)が成り立つ」

この文の否定文は次のようになる。

「ある正の数qに対しては、どのような正の整数nをとっても命題P(q,n)は成り立たない」

その否定文ができないことは数学の学習にとって致命的なことで、微分積分学とか位相数学の基礎概念の学習すら困難になる。

この問題を深刻に受け止めた私は、それからしばらくして、6つの大学の数学科2、3年の学生約400人を対象として、より簡単にした次の文の否定文を書かせる問題を出して調査したことがある。

「すべての自然数（正の整数）nに対し命題P(n)は成り立つ」

この文の否定文は、

「ある自然数nに対し命題P(n)は成り立たない」

であるが、約4割もの学生が誤ってしまったのだ（「日本数学教育学会誌」第84巻1号参照）。

以上で気づかれたであろうが、「すべて」あるいは「ある」が入った文の否定文を作るときのポイントは、それらを取り換えることである。それについては、1970年改定の高校「数学I」教科書にはきちんと述べられていたが、現行の高校数学教科書にはその記述がない。だからこそ、前述したような芳《かんば》しくない調査結果が出たのだろう。

論理的文脈を念頭に

当然のことではあるが、英語圏の子供たちに目を向けると、「any」や「some」の否定文での用法は育ってゆく過程で自然と身につく。日本の高校生が苦労する「not always ~」や「not ~ anything」の意味も自然と理解するだろう。

ここで、日本の高校英語教科書を見ると、たとえば「not always ~」を「必ずしも~でない」、「not ~ anything」を「まったく~でない」、というように、「すべて」と「ある」の否定文が論理的にそれぞれどんな意味になるかという説明を抜きにして、英熟語として〝訳の表現〟のみを指導しているようだ。この部分でしっかりと論理的な構造から説明しておけば、前述のような調査結果は出ないだろう。

そこでさらに中学と高校の国語教科書を調べてみたが、やはり「すべて」と「ある」の否定文での用法についての記述はない。論理的な文の説明として国語教科書から見出したものは、帰納法と演繹《えんえき》法、そして三段論法ぐらいであった。

たしかに日本語による否定文に関しては、「すべての営業マンは携帯電話をもっている」に対して「『すべての営業マンは携帯電話をもっている』ということはない」というように、巧妙な言い回しがある。しかしながら、そのような用法は国内では通用しても海外では通用しないことは明らかだ。UCLA教授の大前研一氏は、「日本人留学生の中にも英語がペラペラの学生はいるのだが、そういう人たちもディベートになると黙ってしまう。そもそも日本人には論理的思考に基いて議論をする習慣がない」と述べている（『SAPIO』2001年3月28日号）。論理的な文にとって最も重要な「否定文」の用法をその意味からマスターすることが、国際人としての第一歩ではないだろうか。

国語教育においても、全否定、部分否定の表現を、論理的な文脈を念頭に置いて教えておくべきである。

4−5

日常の説明で使われる「背理法」の落とし穴

背理法で「犯人探し」

ある年の東京理科大学理学部入試の数学で、「背理法」の意味を説明させる問題を出題したことがある。解答欄には国語の試験のように、文章を書くための「ます目」をたくさん用意した。珍妙な答案もたくさんあったそうだが、それ以上に面白かったのは、監督者の何人かが「これは国語の試験でなくて数学の試験ですね？」と心配したことである。

まず「背理法」を復習しておくと、「結論を否定して推論を進めて、そして矛盾を導くことによって結論の成立をいう証明法」である。重要なポイントとして、導き出す矛盾はどこに現れても構わない、ということがある。よく、この「背理法」と「対偶」を混同している人が、数学を専攻する学生の中にもいる。「対偶」とは、「pならばq」という元の命題文に対する「qでないならばpでない」という文のことで、元の文も「対偶」の文も論理的には同じものである。

さて、中学や高校で中途半端に習ったからか、「背理法は数学の証明の世界だけにある特殊なもの」と考える人たちが圧倒的に多い。そこで、次の2つの例文を見ていただきたい。最初は会話文で、次は普通の文である。


「あなた今日、会社で残業だったのね。それにしても遅かったわね」

「そうそう。月末だから大変だったんだよ。帰りにちょっと寒かったから居酒屋に寄って、これはその店のライターだよ」

「寒かったってことは、スーツの上着は一日中、着たままだったのかしら」

「もちろんだよ。今日は一日中寒くて震えていたよ」

「だけど、このワイシャツに付いている赤い口紅のようなものは何なの」

「エーッ。あのー、それは不思議だよね」


B氏殺人事件が起こって間もなくして、A氏殺人事件が起こった。過去の経緯から、A氏がB氏殺人事件の犯人なのではないかと疑われる。そのあとに、A氏も誰かに殺されたのだろう。しかし、「死人に口なし」で、A氏に聞くことはできない。そこで、B氏殺人事件が発生した時刻のA氏のアリバイがあるかどうかを調べる。

A氏がその時間帯によく出入りするのは、スナックC、カラオケルームD、パチンコ店Eである。スナックCの店員は「その日はA氏を見かけていない」と言う。また、カラオケルームDの店員も同じことを言う。そこで、最後にパチンコ店Eを訪ねてみると、「A氏は、その時間帯はずっとこの椅子に座ったままで、大当たりがまったく出ないことに腹を立てて、熱くなって台をたたいていましたよ。そこで周囲のお客さんからも苦情があって店長がA氏に注意したんです」との証言を得た。

最初の例文は、「当日、上着を脱いだときがある」を結論として、その否定文である「当日、上着を着たままである」を仮定した。そして、上着を着たままならば付くはずのない口紅の跡が付いていたことにより矛盾を導いたのである。この矛盾は口紅の跡である必要はなく、たとえば朝出かけるときにきちんとしていたワイシャツのボタンが、帰ってきたら一段ずつずれていたなど、上着を脱がない限り起こらない現象ならば何でもよい。

２つめの例文は、「B氏殺人事件の犯人はA氏以外の人間である」を結論として、その否定である「B氏殺人事件の犯人はA氏である」を仮定した。すると、殺人事件の時刻にはA氏はその現場にいることになる。しかし、パチンコ店Eで熱くなっていたとの確たる証言があるので、矛盾が導かれたのだ。この矛盾も、パチンコ店Eにある必要はなく、スナックCでもカラオケルームDでも構わない。

上記の2つの例文は、いずれも立派な背理法の例である。このように背理法は、日常生活でもあらゆる場面で使われているのだ。しかも、導き出す矛盾はどこに現れても構わないので、非常に強力な論法と言える。しかしながら、注意しなくてはならない重要なポイントがある。

使うときには相手の立場も考えて

2つめの例文からもわかるように、刑事たちはいつも本質的に背理法を使って仕事をしている。たとえば、「あの人物だけが犯人ならば、そのきわめて重い凶器をひとり両手で持ち上げる力が必要だ。しかし、あの人物は先日、左手を骨折している。したがって、あの人物だけが犯人とすると矛盾である」というような論法を毎日使っているのである。日夜活躍している刑事さんたちに失礼な表現かもしれないが、多くの人たちに対して毎日のように疑いの目を向けた生活を続けていると、性善説でなく性悪説を支持するようになるのではないだろうか。それゆえ犯人探しの手法が強引になったり、全体の人たちに対して見る目がバランスを欠くことにもなりかねない。

数学にもさまざまな分野があり、多くの数学は実数のように無限個の世界を対象としている。ところが、私も関心をもって研究してきた「有限数学」という分野では、いくつかの性質をもつ対象の分類を行うとき、有限個の世界ゆえ、背理法を多用して強引に結論を導くことが珍しくない。いわゆる「しらみつぶしにチェックする」という面があるのだ。有限群論という有限数学の一分野でのいくつかの定理は、どれも本1冊分ぐらいの証明である。しかも、それらは最初から背理法で述べられている。

当然、他分野の数学者は、有限数学における背理法を多用した証明方法に対して違和感をもっているように感じられる。たとえば、「自分は数学人生で1回だけ、背理法を本質的に使った論文を書いたことがあるが、それがどうも気になって仕方がない」というように。有限数学の研究を行ってきた私の経験からすると、背理法を多用した数学の研究に没頭していると、議論の進め方がやや強引になったり、全体を見る目もバランスを欠く傾向をもつように感じる。

いずれにしろ、背理法は強力な論法ではあるが、強引になったり全体を見失うことがないように注意しなくてはならないのだ。また、背理法の説明の中で述べられていることは「偽《ぎ》」のことである。偽だからこそ、どこかで矛盾が出てしまう。延々と続く偽の話や文を聞いたり読んだりすることは、一般の人たちからすると辛い面があるだろう。それゆえ、あまりにも延々と続く背理法の説明を述べたり書いたりするときは、相手の立場も、より慎重に考える必要があるだろう。

4−6

「たとえば」の上手な用法

「否定的な立場」で使うときは簡単

朝まで放送する深夜のテレビ討論番組で、熱くなってくると「たとえば」という単語をよく聞く。冷静に聞いていると、その用法の上手な論者と下手な論者がいる。

「たとえば」の用法は明らかに、一般的な主張に関して「否定的な立場」で用いる場合と「肯定的な立場」で用いる場合の2つがある。難しいのは後者のほうで、その立場で上手に用いることができれば、「味のある表現をしている」と思われることだろう。

まずは前者、すなわち否定的な立場の用法から考えてみよう。

「あの家の母親の血液型はABでしょ。だけどあの子の血液型はOなのよ。たしか、どちらかの親がABならその子の血液型はOにはならないって、学校で習ったわよ」

「たとえば、同一染色体上にAとBの遺伝子がのる場合がごくたまにあって、このときは片親がABでも子がOになることがあるんだ」

右の例は、「どちらかの親がABならば子はOにならない」という一般的な主張は成り立たないことを、例外的な現象が実際に起こっている状況によって述べているもので、1つだけの反例というわけではない。

「毎日、日本酒を3合も1年間飲み続ければ、誰だって肝機能を示す数値は正常値を超えるよ」

「そんなことないよ。たとえば田中君なんか毎日4合を2年間も飲み続けているけど、先日の健康診断でGOT、GPT、γ-GTPなどの数値はすべて基準値に収まっていたよ」

この例は、「毎日、日本酒を3合も1年間飲み続ければ、誰もが肝機能を示す数値は正常値を超える」という一般的な主張は成り立たないことを、1つの反例によって示している。

およそ、否定的な立場で「たとえば」を用いるときは、一般的な主張に対する反例として使うので、右の2つの例のように、反例がいくつかのまとまった性質をもったものであっても1つだけのものでも構わない。したがって否定的な立場で用いるときは、用法をあまり注意する必要はないのである。

討論番組でよくある間違い

次に、「たとえば」を肯定的な立場で用いる場合を考えよう。以下6つの例文を見ていただきたい。

「馬だって重い物は辛いのよ。だって、たとえば競馬のジョッキーなんか、みんな体重が軽いでしょ」

「正の整数nに対して、

$1+2+3+\cdots+n$

を計算すると、その結果は、

$n\times(n+1)\div 2$

になるんだよ。たとえば『n＝4』を考えると、次の図を見れば、その意味がわかるでしょ」

「人間誰しも２００年間は生きることができない。たとえば、思いのままの絶対的な権力を握った徳川家康の生涯だって１５４２年から１６１６年、ナポレオンの生涯だって１７６９年から１８２１年であるように」

「各位の数字の和が３の倍数になる整数は、それ自身が３の倍数である。たとえば、123の各位の数字の和は６なので、123は３の倍数」

「私って、血液型がABの人とはどうも仲良くできないのよ。たとえば、佐藤や鈴木や山田がそうなんだもの」

「あの会社は有名な格付会社の評価でA+なんだけど、本当は危ない会社だよ。だって、たとえばあんな不便な場所に本社があるじゃない」

最初の2例の「たとえば」の用法は、主張したい一般的な内容を全体として理解できるように促すものであり、厳格な説明を求められない場合は、その一般的な内容の説明に関して、それだけでも十分なのである。つまり、なんら問題はない。

次の2例は、主張したい一般的な内容は正しいものであるが、「たとえば」以下の例は主張したい内容の単なる一例に過ぎないものであり、それをもってして主張したい一般的な内容の成立を言うには無理がある。このタイプの「たとえば」を用いるときは、あくまでも「単なる一例」ということを忘れないことが大切なのだ。

最後の2例は、主張したい一般的な内容は真偽不明であるにもかかわらず、その主張に合った一例だけを取り出して、その一般的な内容の成立を強引に言い張るものである。この型の「たとえば」を用いることは当然慎むべきであるが、深夜のテレビ討論番組では非常によく聞くことだろう。決して真似をしないよう、気をつけたいものである。

4—7

考えている対象は「全順序」なのかを確かめよ

「全順序」という約束事を決めたら守る

のっけからやや硬い話から入ってしまうが、数直線上にある任意の異なる2点をとると、それらには必ず大小の関係がつく。また図1において、任意の異なる2円をとると、それらには必ず「含む・含まれる」の関係がつく。ところが図2においては、そのような関係はない。

一般に、集合が数直線や図1のような関係になっているとき、それを「全順序」という(正確には数学の専門書を参照)。

距離や時間や重さのように、数(実数)で測るスポーツでは順位(序列)はそのまま付けられる。しかし、新体操競技やフィギュアスケートのように〝美〟を競うスポーツでは、演技を複数の審判できめ細かく点数化して順位(序列)をつけることからわかるように、人為的な点数化をしなければ全順序にはならないのである。

「太っている」という言葉で考えてみよう。A君がB君より太っているということを、そ

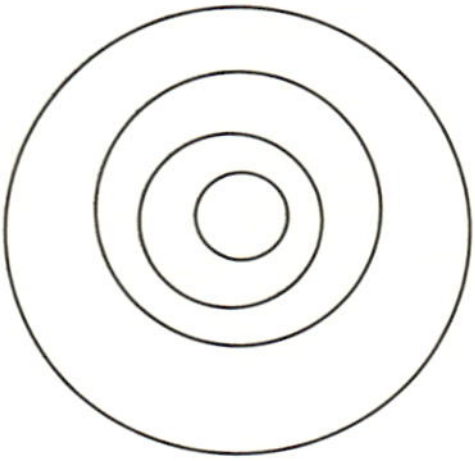

図1

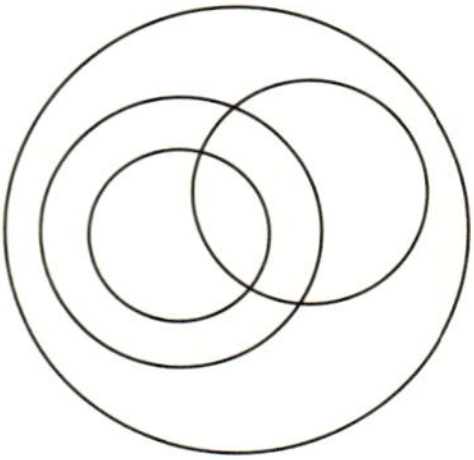

図2

れぞれの体重比較で定められるだろうか。Aは180cmで65kg、Bは150cmで60kgだとしよう。このとき体重比較では、AのほうがBより重い。しかし誰が見ても、「BのほうがAより太っている」と言いたいだろう。

そこで、「身長－《マイナス》体重」で比べてみることを考えよう（差が小さいほうを「太っている」と考える）。するとAは115でBは90となるので、「BのほうがAより太っている」と言えることになる。もちろん、最近流行の体脂肪率で比較するほうが適当だと考える人たちもたくさんいるだろう。

このように、元来は全順序の関係になっていない対象にいくつかの約束事を設けて全順序の関係を導入するときは、なるべく公平に、多くの人の同意を得られるようにすべきである。しかし、いったん全順序の関係が導入されたならば、あとはその世界で最善を尽くすようにしたいものだ。スポーツばかりでなく比例選挙区でのドント方式（2－5参照）のように、いったん導入されてからは、それによる順位（序列）に従うしかないのである。

美を競うスポーツのコーチが、一方で「自分の指導法は素晴らしく、育てた選手はみな、日本の10番以内に一度は入ったことがあります」と公の場で自慢気に発表し、他方で「このスポーツは美を競うものだから、点数化すること自体に反対します」とか、「このスポーツは美を競うものだから、点数化することは構わないとしても、その結果を公表することには反対します」などと公の場で発表したとしよう。

そのコーチは、公の場における最初の発表で、スポーツの点数化によって起こる順位付け（序列化）と結果の発表をすでに認めているのである。そうすると、自慢話のときだけ点数化と結果の公表を認め、他のコーチに関する成果の公表には反対ということになり、誰が見ても〝ずるい〟人になる。

上記のような不謹慎なスポーツコーチはいないだろうが、レポートや著書などで意見を表明するさいには、次のような見苦しいことだけは絶対にしないように心がけたいものである。すなわち、「あるテーマに関して、一方で自分に都合のよいときには全順序化した結果を堂々と使い、他方で全順序化そのものに反対するか、あるいは全順序化は認めても結果の公表には反対する」という態度だ。子供の成績の評価や、会社における人事評価制度などで、このような誤りをしているケースもあるかもしれない。

もしこのような誤りがあることに気づいたならば、なるべく早めにどちらかを訂正するのがよいだろう。さもないと、自ら発表した〝輝かしい〟成果までもが〝怪しい〟結果になってしまうのである。

多くの数学者は一般に、何でも数字を用いて序列化したがる社会の傾向を、複雑な気持ちで見ている。一方で、「三流だ」とか「名が通っていない」と広く言われている対象に関しても、「評価できるものは積極的に評価すべき」という気持ちももっている。その背景には、日頃から「全順序」の世界というものを重く受け止めていることがあるのだろう。

4―8

統計を使うときは「データの個数」を忘れずに

「統計的なものの見方」の基本

１９９０年代半ばに数学啓蒙活動を始めたときから、さまざまなジャンルの人たちを対象とした研修会や講演会にたまに出席するようになったが、最初の頃のスピーチでは、ホワイトボードに数式をたくさん書くような〝失敗〟をしていた。本書に数式をほとんど載せていない背景には、そこから学んだ反省がある。

そのような会合で、知らない世界の興味深い話を何回も聞かせてもらったが、気になることがあった。それは、重要な調査結果の紹介でも、「割合」は述べられても「データの個数」には触れないで終わってしまうことがある、ということだ。

それがきっかけで、テレビの報道番組や新聞での統計資料の扱いは注意深く見るようになった。新聞に関しては、最近は「割合」ばかりでなく「データの個数」もしっかり書いてあるが、テレビの報道番組では相変わらず「割合」だけの場合も多い。視聴者に示している大きなパネルには、空白部分が十分あるにもかかわらず、「割合」だけしか書かれていないことがよくあるのだ。

どういうことか、説明しよう。

「人口動態統計」によると、日本での2002年の男子出生数は59万2840人で、女子は56万1015人である。話を簡単にするため、男子は59万人、女子は56万人生まれたとしよう。この数字を見ると、「天の神様は男子と女子を確率1/2で生んでいる」という仮説は否定できるように思えるが、どのように考えればよいのだろうか。また、万の単位を取って、ある小さな町Aでは2002年に男子は59人、女子は56人生まれたとしよう。この数字をもって、同じ仮説は否定できるのか、それも合わせて考えてみよう。なお、日本全体でも町Aでも、男子と女子の割合はどちらも同じであることに留意する。

上記の仮説は正しいとすると、「天の神様は正常なコインを投げて男女を産み分けている」と考えてよい。そこで以下、コインを100回投げる場合について考えてみる。

100回のうち100回とも全部が表（裏）となる確率は、きわめて0に近いが0ではない。しかし、それよりも50回表で50回裏となる確率のほうが高いことは想像できるだろう。2項分布というものを用いると、次ページの図のような（「正規分布」というものに近い）グラフができる。

山の形をしたグラフの面積を100％として、左右の両極端な部分から2.5％ずつ、合計

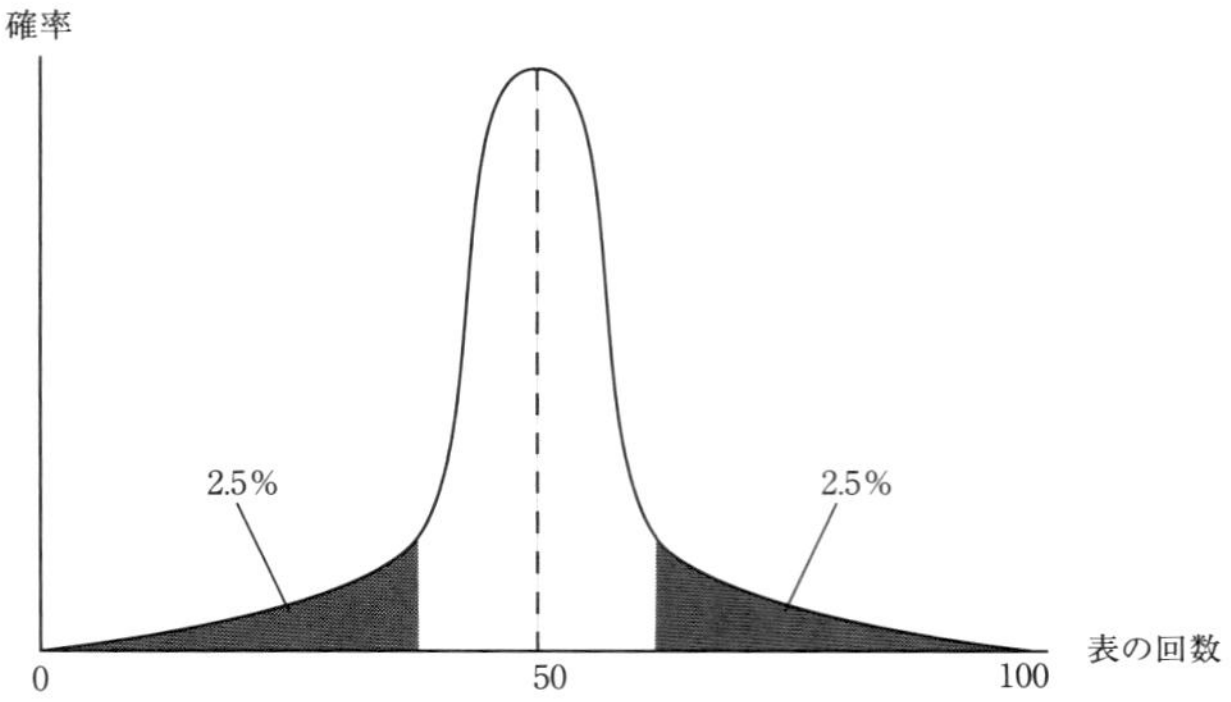

２項分布のグラフ

５％の部分を注目する。その部分は、「最も起こりそうもない現象から５％の範囲」と言うことができ、表の回数が40以下または60以上の部分であることが確率計算からわかる。

事前に「５％」という基準を設けておいて、コインを１００回投げたところ、ちょうど63回表が出たとか、ちょうど38回表が出たとしよう。すると、最も起こりそうもない現象から５％の範囲に入る事実が起こったことになり、「コインは正常である」という仮説は「有意水準５％」で「棄却」される、ということになる。

１１５万人中59万人の男子が生まれたというのは、確率計算から、起こりにくい現象の５％の範囲に入る。したがって、この統計資料からは、「天の神様は男子と女子を確率$\frac{1}{2}$で生んでいる」という仮説は有意水準５％で棄却される。しかしながら、１１５人中59人の男子が生まれたという現象は、確率計算すると５％の範囲内に入らないのだ。したがって、町Ａの統計資料からは、その仮説は有意水準５％で棄却されないのだ。それゆえ、「割合」だけでなく「データの個数」も明示すべきなのである。

ちなみに、有意水準は５％でなくても１％あるいは10％なども考えられるが、その基準を決めてから統計資料を分析するのが科学のモラルであろう。また、「５％」がよく使われる由来は、「農業実験」からであると言われる。

日本のテレビ報道番組が学力低下問題の対策として、数学に関しては中学や高校の内容を完全に無視して、小学校の「たし算、ひき算、かけ算、わり算」しか扱わない頑《かたく》なな姿勢をもつ限り、いつまでたっても「データの個数」を軽んじる姿勢も絶対に変わらないに違いない。それは、「統計的なものの見方などはどうでもよいことであって、世の中を生きていくには四則計算だけで十分」と言い切っているようなものであり、そこから導かれるのは「『データの個数』などはいちいち言わなくても、『割合』だけ言えば十分」ということである。

重要な発表や報告では、「割合」だけ言って「データの個数」を忘れることは絶対にないようにしたいものだ。

4－9 「ヤミ金」「サラ金」の違いと変化の大きさの説明

算術級数と幾何級数

古典派経済学者マルサスが１７９８年に『人口論』で述べた次の文をご存じの方も多いことだろう。

「人口は制限されなければ、幾何級数的に増加する。生活資料は算術級数的にしか増加しない。多少とも数学のことを知っている人ならば、前者のほうが後者のそれに比してどれほど大きいか、それがすぐわかるであろう」

右の文のうち「算術級数的」というのは、たとえば、

５、５＋３、５＋３＋３、５＋３＋３＋３、５＋３＋３＋３＋３、…

というように、次の項へ移るごとに一定の数だけ加わるもの（「等差級数」ともいう）で、「幾何級数的」というのはたとえば、

５、５×３、５×３×３、５×３×３×３、５×３×３×３×３、…

というように、次の項へ移るごとに一定の数だけかけるもの（「等比級数」ともいう）であ

る。

四則演算には＋、－、×、÷があって、＋と－は逆の関係で、×と÷も逆の関係である。そこで、本質的には＋と×があると考えればよい。ものごとの変化を大まかにとらえるには、例文の「生活資料」に対応するような「どのくらいずつ加わっていくのか」、あるいは例文の「人口」に対応するような「どのくらいずつかけていくのか」ということが基本になる。

子供の発育を調べるときは、「毎年平均して7㎝ずつ身長が伸びている」というように「生活資料」と同じ算術級数的に考えている。また、発展途上国の経済成長を調べるときは、「毎年平均して7％ずつ成長している」というように「人口」と同じ幾何級数的に考えている。

同じ「平均」という言葉を使っても、前者は「同じ数を加えていく」の意味での平均で、後者は「同じ数をかけていく」の意味での平均である。そのように、この両者には同じ言葉を使っても根本的な違いがあり、「変化の大きさ」を考えるときには、最初に認識すべき要点である。

その両者の違いをはっきり示すものとして、俗に「サラ金」とも呼ばれる合法的な消費者金融と、「ヤミ金」と呼ばれる非合法な暴力金融がある。前者は元金に対して単利で利息がつき、後者は元金に対して複利で利息がつく。

ここで、単利と複利の違いをまとめておこう。100万円を年利20%の単利で3年間借りた場合、毎年20万円ずつの利息がつくので、ちょうど3年後には元利合計が160万円となる。一方、100万円を年利20%の複利で3年間借りた場合、1年ごとに元利合計は1.2倍になっていくので、ちょうど3年後には元利合計が172万8000円となる（1.2の3乗は1・728）。

160万円と172万8000円ではそれほど大きな違いを感じないかもしれないが、3年後ではなくて20年後で比べてみよう。100万円を年利20%の単利で20年間借りた場合、ちょうど20年後には元利合計が500万円となる。一方、100万円を年利20%の複利で20年間借りた場合、ちょうど20年後にはなんと、約3834万円もの元利合計となるのである（対数計算から1.2の20乗は約38・34）。

増殖するものは「対数」で見るとよい

ちなみに、最近の「ヤミ金」でよく使われる金利として「トサ」があるが、これは10日間で3割の利息が複利でつくものである。これによって100万円を借りて、20年間逃げ回った末に怖いお兄さんにつかまると、一体いくらぐらい請求されるかを対数計算したことがある。その結果は、1のあとに0が89個もつく数に円をつけた金額を超えるのである。1のあとに0が4個つく数が1万、1のあとに0が8個つく数が1億、1のあとに0が12個つく数が1兆であるので、想像を絶する数であることがわかるだろう。

一方、現在の消費者金融の上限は年利30％弱で、その金利で毎年元利均等返済（毎年の同額返済）によって5年間で完済する場合、元利合計額は元金のおよそ2倍である（計算式は拙著『数学的ひらめき』を参照）。

なお、幾何級数的に増加するものの例として細菌の増殖はよく知られている。時間とともに変化する細菌の数を、横軸を時間、たて軸を細菌数としてグラフで表すと、すぐに上に突き抜けてしまう。実はそのようなものを直線的に見る「魔法の眼鏡」がある。それは、3－4で紹介した「対数」なのである。対数グラフを使うと、たとえば細菌が1週間で何倍に増えたか、という増え方が、直線で確認できるのだ。

他人に「変化の大きさ」を説明するとき、どのような変化の仕方なのかを見きわめてから説明すれば、その本質も理解されやすいだろう。

4—10 人間の予測は「直線的」

多くの「変化」は直線的ではない

人類の祖先である猿人が誕生したのは今から400万年以上も前のことで、現在と同じ骨格の新人が誕生したのは今から4万年から1万年前のことである。一方、ワットによって蒸気機関が改良されてから約100年後、ガソリン自動車が発明された。そのように、人類の歴史から見れば自動車の歴史はあまりにも浅いものである。

自動車運転免許証の更新のたびに〝車間距離〟に関して耳にたこができるほど講習で注意されても、大事故の当事者を別にすると、あまりピンとはこないようだ。その背景は、ブレーキをかけてから止まるまでの制動距離は自動車速度の2次関数として表される放物線になっている（4－1参照）のに対して、人類の感覚はまだまだ直線的であるというところに本質があると考える。

日常の買い物、学習、仕事などでさまざまな見通しを立てるときも、多くの場合は直線的に考えている。ところが実際は、「ロジスティック曲線」に従う現象が思いのほか多い

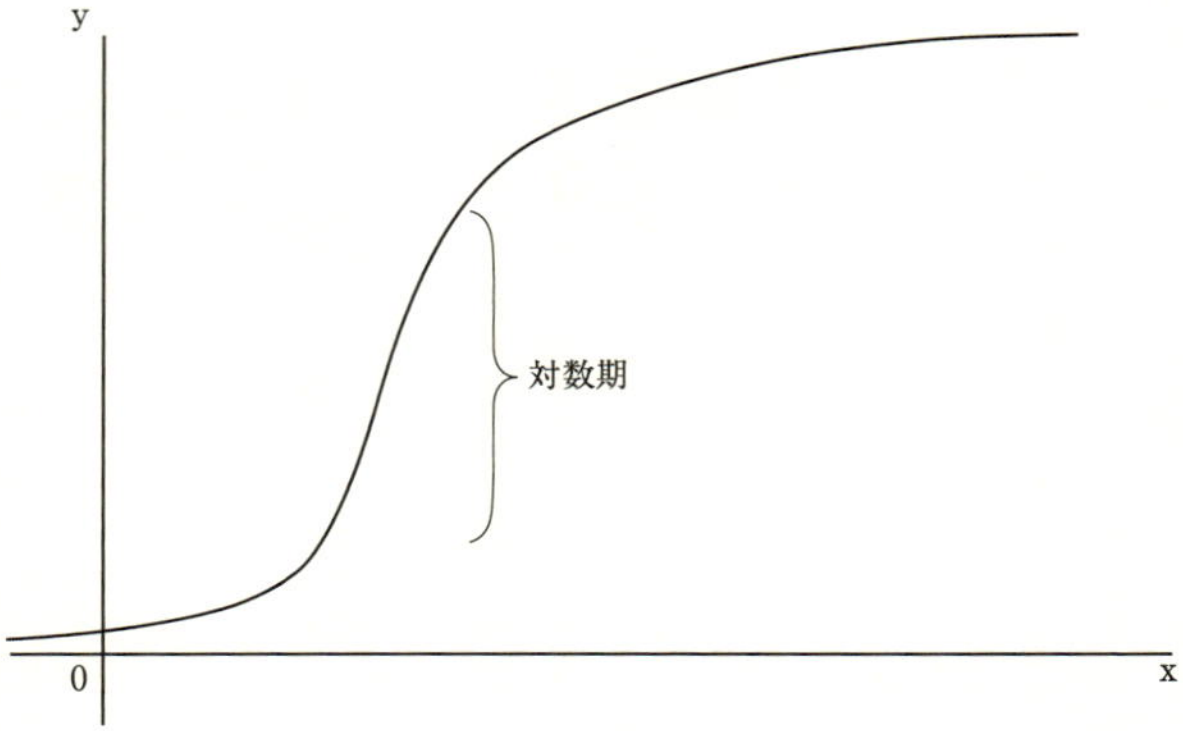

ロジスティック曲線

のである。ロジスティック曲線とは、自然対数の底《てい》であるeを使って表される、上の図のような形をした曲線である。

ロジスティック曲線は、もともと生物の個体数の変化を特徴づけるものとして研究されてきたものであるが、年月に対する商品販売数の変化や年月に対する従業員の士気の変化などのように、ビジネスにおいてもよく見られる曲線である。

しかしながら、さまざまな予測においては、過去のデータから今後を予測する「回帰直線」が圧倒的に多く用いられていることから察せられるように、直線を用いて予測することは人間にとって安心できるものがあるのだろう。各企業が最大の利益や最小の経費を求めるために一般的に使う「線形計画法」も、直線の発想以外の何ものでもない。

そもそも「線形」とは「1次」のことで、英語ではどちらも「linear《リニア》」なのである。そのように、直線によって予測することは基本であり、またある意味では〝公平〟であるとも考えたい。

予測の根拠となる「仮定」を明らかに

基本は直線的な予測でよい。ただし、自動車の制動距離のようなものに関しては放物線を意識しておき、ものごとの成長する過程に関してはロジスティック曲線を意識しておけばよいのである。

なお、ロジスティック曲線は放物線のように単純なものではなく、扱う対象によっていくつかの注意が必要だ。たとえば細菌の研究者にとっては、急速に個体数が増殖する期間（ロジスティック曲線で勢いよく上昇している部分）を「対数期」というが、対数期に入る前が細菌との勝負である。

一方、ビジネスにおいては、商品販売数や従業員の士気などに関して対数期を迎えてもらわなくては成功したことにならない。経営者が「見込み違いがあって積極的になり過ぎた」と反省の弁を述べるのは、大概がビジネスにおける対数期の急上昇のところで回帰直線を用いて、将来に対して強気一辺倒になってしまった場合である。

ここで、直線によって予測することがある意味では〝公平〟と先ほど述べた理由のひとつを述べよう。

1970年代から80年代末のバブル絶頂期まで、現在から見ると相当無駄な公共事業が多数行われてきたものだが、それらに基本的に共通するものとして、「GNP（GDP）の伸び率が5％とか6％の高い水準で発展し続ける」という〝仮定〟があった。これは、前項で述べた〝複利〟の考え方である。そのようなとんでもない手法を用いて将来を〝予測〟して、さまざまな公共施設の必要性を説き、予算を取ってきて着工させたのである。すなわち、〝直線〟による予測をするのが適切なのに、それではまっとうすぎて大した予算が取れないので、〝複利〟による予測を使ったのであろう。

およそ予測は、自分だけのために使うことよりも、むしろ他人に何かを説明するときに用いることが普通である。そこで基本に据えるのは〝直線〟になることが多いが、どのような形の予測であっても、根拠となる仮定をごまかさずにはっきり述べることが必要だ。また、説明を受ける側も、予測の「結果」だけでなく「根拠」にももっと関心をもつべきである。

4－11 説明文もたくさん書けば洗練される

絵画のデッサンのように

「読解力はあっても作文は苦手」、「英文は読めても英作文は苦手」、「数学の証明文は理解して読めても証明を書くことは苦手」という人たちは数多くいる。共通して言えるのは、「あまり書かない」からである。作文も英作文も証明も、恥ずかしがらずに積極的に書いていれば必ず上達するものだ。「書くは一時の恥、書かぬは末代の恥」なのである。

いまの学習指導要領でラテン文字の筆記体を教えていないことに対して私は批判しているが、その根拠は、「あまり書かない」方向に、よりアクセルを踏むものととらえるからだ。もっとも、中学の数学の教員から「直線〝ℓ〟（筆記体のエル）と黒板に書けないのです。仕方なく直線〝l〟（活字体のエル）と書いたら、生徒は直線〝1《イチ》〟と言うし、もう大変です」と言われたときには笑ってしまった。

デッサンの上手な人を横から見ていると、4Bぐらいの鉛筆か木炭を使って描いていく。最初は全体の枠を何本かの直線で描く。次に、消しゴムを何回か使いながらラフなデッサンを描く。そして最後に、消しゴムを少しずつ使って微妙な修正を加え、デッサンを完成させる。

説明文の書き方にも当然個性があってよいが、少なくとも数学の証明文をたくさん書いてきた経験からすると、右に述べたデッサンの描き方がよいようだ。すなわち——最初は全体のあらすじをポイントだけ箇条書きするように何行かでまとめる。次にそれに沿って、さほど本質的と思えない部分はあっさり書くようにして、とりあえず最初から最後までを書き切ってしまう。その段階では、途中で予期せぬギャップに遭遇することも多々あり、時として致命傷になっていることもあるが、一から再チャレンジする気持ちになりやすい。そして最後に、あっさり書いたような部分を埋めながら、全体をきちんと一歩ずつチェックして書き上げる。

ただし数学の証明では、あまり本質とは思えない部分をきちんと書き上げているときにも、思わぬ落とし穴を発見することがたまにある。その瞬間にはさすがにがっかりするが、頭が冴えているときなので、すぐに思い直して穴を埋める努力をするのがよい。一瞬「ヒヤッ」とした思いも、あとから思い返すと「大事に至らないでよかった」となる場合が多いのだ。

「修正する力」を備えよう

右に述べたことから理解していただけると期待するが、いろいろな説明文を書いていくうえで最も重要な能力は、「誤りや足りない点を見つけて修正する力」である。その能力が十分に備わっていれば、デタラメな文を最初に書いたとしても、最後にはきちんとしたものになるのだ。いわゆる「やり方だけ憶えて真似をして終わり」というタイプの学生が最後に伸びない例と、「条件反射丸暗記」的な問題には弱くても、修正する能力を十分にもっている学生が最後に伸びた例を、嫌というほど見てきた。試行錯誤しながら誤りを修正する力があるかどうかが、きちんとした説明文を仕上げることができるか否かに直結しているのである。

結局のところ、いろいろな説明文を積極的にたくさん書いていれば、それに比例してたくさん添削することになるので、自ずと「誤りや足りない点を見つけて修正する力」も備わっていく。反対に「条件反射丸暗記」的な教育だけで育ってきていると、「修正する力」を身につけていくのにかえって手間がかかってしまうのである。

最後にもうひとつ、重要なことを述べておこう。

実は、「条件反射丸暗記」型とも異なるタイプで、いつまでたってもわかりやすい説明文を書かない不思議な人たちがいる。それは、「人類の種としての日本人を位相論的にとらえると、精神ベクトルが構成する空間の基底問題に発展する」というような、意味不明な言葉を乱発して自己陶酔されている方々である。

この方々の特徴は「抽象」と「あやふや」を混同しているのであり、私はそのような発言を聞くたびに、夕方から出勤のご婦人方の息苦しい香水をたっぷり振りかけられてしまったような気分になる。説明に用いる言葉には、自分の考えや気持ちがなるべく多くの人たちにわかりやすく適確に伝わるという目的があることを、その方々は忘れているのではないだろうか。

〝妖しい〟言葉に磨きをかけることと、きちんとした説明文に磨きをかけることとは、およそ相容れないものなのである。

4―12

点より線、線より面から説明しよう

「3次元」で説明する

日本の景気が回復したと主張したいとき、東京だけ観測するより札幌、大阪、福岡を加えて観測したほうが説得力は増す。そして、観測地点に地方の田舎町も幅広く加えると、説得力はさらに増すことになる。

そのように、「点より線、線より面」から説明するとよいということは誰もが認識して心がけていることだろう。ここで点は0次元、線は1次元、面は2次元と見なせるので、「ものごとはより高い次元から説明するとよい」と一般化して言えるはずである。ところが、その一般化した内容を日頃から心がけて実行することは意外と難しい。

ある男性にとって素敵に思える女性と出会ったとして、その男性がその女性を口説きたいと思ったとしよう。「君の瞳は輝いていて素敵だね」とだけ言うのは0次元の口説きである。さらに、「君の服装は女性としてもっている魅力を引き出している感じでうっとりしちゃうよ」と付け加えて言うのは1次元の口説きである。ここで別の軸としての内面的なことをクローズアップさせて、「夢をもった君の前向きな生き方が好きなんだ」とか「苦しくても優しい心をいつも忘れない君のハートが好きなんだ」などと付け加えて言うのは2次元の口説きである。

大半の口説きは外見と内面の2次元に終始しているようであるが、さらに別の軸である〝時間〟を付け加えてみてはどうだろうか。たとえば、「この何年間というもの、『君みたいな女性と会いたい』とずっと思い続けてきたんだ」と付け加えて言うのは、3次元の口説きである。

こんな例を挙げるまでもないが、0次元より1次元、1次元より2次元、2次元より3次元の説明のほうが説得力は増すのである。ところが日本では、右の例の3次元めの〝時間〟の軸をあまり重んじていないように思える。外国のほうが、家庭のルーツから現在の社会問題まで、より昔に遡ったところから時間的な流れに沿って説明しようとする。

日本で時間の軸をあまり重視しない原因のひとつに、歴史教育があるかもしれない。歴史の教科書を手に取っていただくとわかるが、日本の教科書は主として「何年に何が起こったのか」という事実の羅列であって、「だからその出来事が起こって、それが新たな展開の萌芽となる」という流れるような記述があまり見られない。もし日本の歴史教育が〝流れ〟を尊重する形で行われてきたならば、〝時間〟の軸を有効に使った説明が、あらゆる場面でもっと多く取り入れられているのではないだろうか。

新商品の企画書を作成するとき、「マーケティングによって現在のユーザーのニーズを分析すると……」という記述のほかに、「過去10年間にわたるユーザーの嗜好の流れからしても……」という提言が加わると、時間の軸も入ることになるのである。ぜひ、さまざまな場面で、「時間軸」ということを意識されたい。

「世間のこと算盤珠をはずれたるものはなし」

私はこの10年間というもの、ことあるごとに数学の重要性を訴えつづけてきた。理系の学問ばかりでなくさまざまな文系学問で数学が応用されていること、日常生活から金融ビジネスに至るまで数学的な発想は幅広く用いられていること、数学の証明問題の前段階では試行錯誤することを学び、後段階では論理的に正確な文を書くことを学んでいること、等々である。しかしながら数年前まで、歴史的な流れに沿って訴えることに気づいていなかったことが悔やまれる。以下、それについて簡単に述べさせていただく。

1999年に私も分担著者となった『分数ができない大学生』が出版されてからというもの、授業時間や授業内容の大幅削減に疑問をもつ立場から、算数・数学を中心とした学力低下を示すさまざまな調査結果が報告された。そして、当初はその種の報告に批判的な立場をとっていた文部科学省も、2002年には文部科学大臣が生徒の学力向上等を訴える「学びのすすめ」を発表した。それに伴って、同省は高校教科書の検定で学習指導要領を超えた内容も容認する考えを示したり、小中学校の教科書で〝発展的学習〟を設けて、新学習指導要領により大幅に削除された内容を次々と復活させたりしたのである。

実は、1950年代前半にも同じような状況があった。米国からの教育使節団の影響によって開始した「生活単元学習」の流れで、51年の学習指導要領改定では、47年の教育基本法制定時と比べて算数・数学は週1時間ほど減少し、戦前と比べると週3時間ほども減少したのだ。51年に国立教育研究所の久保舜一氏が行ったそれらの教科の学力調査では、28年の調査と比べて約2学年分の学力低下が認められたのである。その調査をきっかけに一斉に学力低下批判の声が高まり、ついに54年には学習指導要領をはるかに超える内容の教科書も検定に合格する事態となった。50年代後半の学習指導要領の大改定によって、学習時間や内容を抜本的に充実させた系統学習が再スタートしたのである。

もし、現在の日本で皮相な学力向上だけを目指すならば、同じ歴史をくり返すのではないだろうか。実際、日本の教育の歴史を「興味・関心に重きを置いたゆとり教育」と「受験を意識して系統的にしっかり指導する教育」との間を行ったり来たりすると見なす「振り子論」を用いて述べる教育学者もいる。

いまこそ「振り子論」を克服しなくてはならないときであろう。両者を弁証法的に発展させていかなければならないのだ。そのとき、ぜひ参考にしたいのは、明治維新を成し遂げた高杉晋作、久坂玄瑞、伊藤博文、井上馨ら多くの志士を松下村塾で育てた吉田松陰の教えである。弟子の品川弥二郎が語り、杉浦重剛が記録した次の教えは、明治以降も長いこと受け継がれ、第二次大戦後の技術立国としての復興と繁栄にも強く影響を及ぼしていることだろう。

「算術は此頃《このごろ》武家の風習として、一般に士《さむらい》たる者は、如斯《かかる》ことは心得るに及ばずとて卑しみたるものなりしに、先生は大切なる事とせられ、……先生は此算術に就《つい》ては、士農工商の別なく、世間のこと算盤珠をはずれたるものはなし、と常に戒《いま》しめられたり」

あとがき

本書の校正段階に入った2005年3月5日の朝刊各紙に、岩手、宮城、和歌山、福岡の4県で実施した統一学力試験の結果が公表され、前年末に公表された国際学力調査結果と同様に、論述形式の問題がきわめて弱いことが改めて指摘された。

いろいろと考えて解決の糸口を見つけることや説明文を書くことが苦手な子供たちが多い現状は、日本の将来にとって安閑としてはいられない大きな問題である。

私はこの2年間というもの、数学を通して日本社会を見つめ、そして「試行錯誤」や「説明力」の重要性を社会に対して訴えてきた。「教育に欠ける試行錯誤」(読売新聞「論点」03年10月6日)、「教育に試行錯誤を生かせ」(朝日新聞「直言」04年1月21日)、「『数学的考え方』重視を、『証明』で柔軟な思考力」(日本経済新聞04年9月18日)などである。

しかしながら私が訴えたい全体から見ると、新聞紙面で主張できた内容はせいぜい1%ぐらいのものであった。当然、あたためていた内容すべてを余すところなく世に訴える書を出してみたいと願ってはいたが、「試行錯誤」の重要性を前面に出すような一般書を上《じょう》梓《し》することは実現しないだろうと思っていた。

「10年間にわたる数学啓蒙活動の新たな方向への展開はない」と諦めかけた頃、当時講談社学芸局長だった柳田和哉さんから、「試行錯誤と数学的なものの考え方の重要性を世に訴える書を、現代新書出版部の阿佐信一さんと組んで出しませんか」との嬉しい連絡が入ったのであった。

またとない機会を与えられた感激から、手がけていた専門書（『置換群から学ぶ組合せ構造』）の執筆にも力が入り、２００４年の秋から本書の執筆に移ることができた。ただ、当初は精力的に書き進めていたのだが、原稿の完成が近づくにつれて大学での仕事が多忙になり、その疲労も影響して、本書の出版に対して少々弱気になったときがあった。

ところが新年早々に、幸運にも、そのような気持ちを吹き飛ばすような出来事が立て続けに起こったのである。ひとつは、同じく阿佐さんが編集された『チャートでわかるがん治療マニュアル』を手にとったことである。本書でも2－2「『運』から『戦略』へ」で参照したが、これは癌治療の最前線で活躍されている医師自らが、個々の患者に対する治療で「試行錯誤」の大切さをわかりやすく述べているばかりか、数学的な発想が随所に見られる書でもある。たとえば本文では紹介しなかったが、「もう治療法はない」には「世界中のどこにもない」と「その医者（病院）にとって治療法がない」の2つの意味がある、ということが書いてある。それを見たとき、「方程式は解けない」には2つの意味があることを何度も指摘していた自分を思い出したのだった。

もうひとつは、日本と英国との交流をもとにさまざまな分野に事業を拡大している企業経営者の方から、前述の日経新聞に載せた拙文の意義を英国の教育の視点から強調していただいたばかりか、本書の4-10「人間の予測は『直線的』」でも述べたビジネス上の評価方法を実践され成果を出していることをうかがったことである。

そして最後に、新宿の高層ホテル最上階のバーで、大きなカクテルコンクールで優勝経験のあるバーテンダーの方々が、カクテルをレシピ通りに正確に作るのも大切だが、それよりも、多くの試行錯誤を重ねて創作カクテルにチャレンジしつづけることに大きな夢があると語ってくれたことも、私を強く後押ししてくれた。

本書の完成までにお世話になった方々、とくに本書の作製で最も難しい構成案を考え出していただいた阿佐信一さんに心から感謝の気持ちを込めて、日本社会が試行錯誤の重要性を強く認識するようになることを祈りつつ、夜明け前の空に向かって、乾杯!

2005年3月

芳沢 光雄

講談社現代新書　1786

数《すう》学《がく》的《てき》思《し》考《こう》法《ほう》　説《せつ》明《めい》力《りょく》を鍛《きた》えるヒント

二〇〇五年四月二〇日第一刷発行　二〇一九年一一月一二日第一七刷発行

著　者　芳《よし》沢《ざわ》光《みつ》雄《お》　

発行者　渡瀬昌彦

発行所　株式会社講談社

東京都文京区音羽二丁目一二―二一　郵便番号一一二―八〇〇一

電　話　〇三―五三九五―三五二一　編集（現代新書）

〇三―五三九五―四四一五　販売

〇三―五三九五―三六一五　業務

装幀者　中島英樹

印刷所　凸版印刷株式会社

製本所　株式会社国宝社

本文データ制作　講談社デジタル製作

定価はカバーに表示してあります　Printed in Japan

N.D.C.410　196p　18cm

ISBN4-06-149786-3

「講談社現代新書」の刊行にあたって

教養は万人が身をもって養い創造すべきものであって、一部の専門家の占有物として、ただ一方的に人々の手もとに配布され伝達されうるものではありません。

しかし、不幸にしてわが国の現状では、教養の重要な養いとなるべき書物は、ほとんど講壇からの天下りや単なる解説に終始し、知識技術を真剣に希求する青少年・学生・一般民衆の根本的な疑問や興味は、けっして十分に答えられ、解きほぐされ、手引きされることがありません。万人の内奥から発した真正の教養への芽ばえが、こうして放置され、むなしく滅びさる運命にゆだねられているのです。

このことは、中・高校だけで教育をおわる人々の成長をはばんでいるだけでなく、大学に進んだり、インテリと目されたりする人々の精神力の健康さえもむしばみ、わが国の文化の実質をまことに脆弱なものにしています。単なる博識以上の根強い思索力・判断力、および確かな技術にささえられた教養を必要とする日本の将来にとって、これは真剣に憂慮されなければならない事態であるといわなければなりません。

わたしたちの「講談社現代新書」は、この事態の克服を意図して計画されたものです。これによってわたしたちは、講壇からの天下りでもなく、単なる解説書でもない、もっぱら万人の魂に生ずる初発的かつ根本的な問題をとらえ、掘り起こし、手引きし、しかも最新の知識への展望を万人に確立させる書物を、新しく世の中に送り出したいと念願しています。

わたしたちは、創業以来民衆を対象とする啓蒙の仕事に専心してきた講談社にとって、これこそもっともふさわしい課題であり、伝統ある出版社としての義務でもあると考えているのです。

一九六四年四月　野間省一

哲学・思想Ⅰ

A

哲学・思想Ⅱ

政治・社会

経済・ビジネス

350 経済学はむずかしくない〈第2版〉――都留重人
1596 失敗を生かす仕事術 畑村洋太郎
1624 企業を高めるブランド戦略――田中洋
1641 ゼロからわかる経済の基本――野口旭
1656 コーチングの技術――菅原裕子
1695 世界を制した中小企業 黒崎誠
1926 不機嫌な職場――高橋克徳 河合太介 永田稔 渡部幹
1992 経済成長という病――平川克美
1997 日本の雇用――大久保幸夫
2010 日本銀行は信用できるか 岩田規久男
2016 職場は感情で変わる 高橋克徳
2036 決算書はここだけ読め！――前川修満

2061 「いい会社」とは何か 小野泉 古野庸一
2064 決算書はここだけ読め！ キャッシュ・フロー計算書編 前川修満
2078 電子マネー革命――伊藤亜紀
2087 財界の正体――川北隆雄
2091 デフレと超円高――岩田規久男
2125 ビジネスマンのための「行動観察」入門 松波晴人
2128 日本経済の奇妙な常識 吉本佳生
2148 経済成長神話の終わり アンドリュー・J・サター 中村起子 訳
2151 勝つための経営――畑村洋太郎 吉川良三
2163 空洞化のウソ――松島大輔
2171 経済学の犯罪――佐伯啓思
2174 二つの「競争」――井上義朗
2178 経済学の思考法――小島寛之

2184 中国共産党の経済政策 柴田聡 長谷川貴弘
2205 日本の景気は賃金が決める 吉本佳生
2218 会社を変える分析の力 河本薫
2229 ビジネスをつくる仕事 小林敬幸
2235 20代のための「キャリア」と「仕事」入門――塩野誠
2236 部長の資格――米田巖
2240 会社を変える会議の力 杉野幹人
2242 孤独な日銀――白川浩道
2252 銀行問題の核心――江上剛 郷原信郎
2261 変わった世界 変わらない日本――野口悠紀雄
2267 「失敗」の経済政策史 川北隆雄
2300 世界に冠たる中小企業 黒崎誠
2303 「タレント」の時代――酒井崇男

世界の言語・文化・地理

958 英語の歴史——中尾俊夫
987 はじめての中国語——相原茂
1025 J・S・バッハ——礒山雅
1073 はじめてのドイツ語 福本義憲
1111 ヴェネツィア——陣内秀信
1183 はじめてのスペイン語 東谷穎人
1353 はじめてのラテン語 大西英文
1396 はじめてのイタリア語 郡史郎
1446 南イタリアへ!——陣内秀信
1701 はじめての言語学 黒田龍之助
1753 中国語はおもしろい 新井一二三
1949 見えないアメリカ——渡辺将人
1959 世界の言語入門——黒田龍之助
2052 なぜフランスでは子どもが増えるのか 中島さおり
2081 はじめてのポルトガル語 浜岡究
2086 英語と日本語のあいだ 菅原克也
2104 国際共通語としての英語 鳥飼玖美子
2107 野生哲学——管啓次郎 小池桂一
2108 現代中国「解体」新書——梁過
2158 一生モノの英文法——澤井康佑
2227 アメリカ・メディア・ウォーズ——大治朋子
2228 フランス文学と愛——野崎歓

自然科学・医学

15 数学の考え方——矢野健太郎
1141 安楽死と尊厳死——保阪正康
1328 「複雑系」とは何か——吉永良正
1343 カンブリア紀の怪物たち サイモン・コンウェイ・モリス 松井孝典 監訳
1500 科学の現在を問う 村上陽一郎
1511 優生学と人間社会——米本昌平 松原洋子 橳島次郎 市野川容孝
1689 時間の分子生物学——粂和彦
1700 核兵器のしくみ——山田克哉
1706 新しいリハビリテーション 大川弥生
1786 数学的思考法——芳沢光雄
1805 人類進化の700万年 三井誠
1813 はじめての〈超ひも理論〉 川合光
1840 算数・数学が得意になる本 芳沢光雄
1861 〈勝負脳〉の鍛え方——林成之
1881 「生きている」を見つめる医療——中村桂子 山岸敦
1891 生物と無生物のあいだ——福岡伸一
1925 数学でつまずくのはなぜか 小島寛之
1929 脳のなかの身体——宮本省三
2000 世界は分けてもわからない 福岡伸一
2023 ロボットとは何か——石黒浩
2039 ソーシャルブレインズ入門 藤井直敬
2097 〈麻薬〉のすべて——船山信次
2122 量子力学の哲学——森田邦久
2166 化石の分子生物学——更科功
2170 親と子の食物アレルギー——伊藤節子
2191 DNA医学の最先端 大野典也
2193 〈生命〉とは何だろうか 岩崎秀雄
2204 森の力——宮脇昭
2219 宇宙はなぜこのような宇宙なのか——青木薫
2226 「人体」の不思議 宇宙生物学で読み解く——吉田たかよし
2244 呼鈴の科学——吉田武
2262 生命誕生——中沢弘基
2265 SFを実現する——田中浩也
2268 生命のからくり——中屋敷均
2269 認知症を知る——飯島裕一
2291 はやぶさ2の真実——松浦晋也
2292 認知症の「真実」——東田勉

心理・精神医学

知的生活のヒント

L

趣味・芸術・スポーツ

世界史Ⅰ

834 ユダヤ人——上田和夫
934 大英帝国——長島伸一
968 ローマはなぜ滅んだか 弓削達
1017 ハプスブルク家——江村洋
1080 ユダヤ人とドイツ——大澤武男
1088 ヨーロッパ「近代」の終焉——山本雅男
1097 オスマン帝国——鈴木董
1151 ハプスブルク家の女たち 江村洋
1249 ヒトラーとユダヤ人 大澤武男
1252 ロスチャイルド家 横山三四郎
1282 戦うハプスブルク家 菊池良生
1283 イギリス王室物語——小林章夫
1306 モンゴル帝国の興亡〈上〉——杉山正明
1307 モンゴル帝国の興亡〈下〉——杉山正明
1321 聖書vs.世界史——岡崎勝世
1366 新書アフリカ史——宮本正興 松田素二 編
1442 メディチ家——森田義之
1470 中世シチリア王国——高山博
1486 エリザベスI世——青木道彦
1572 ユダヤ人とローマ帝国 大澤武男
1587 傭兵の二千年史——菊池良生
1588 現代アラブの社会思想 池内恵
1664 新書ヨーロッパ史 中世篇 堀越孝一 編
1673 神聖ローマ帝国——菊池良生
1687 世界史とヨーロッパ 岡崎勝世
1705 魔女とカルトのドイツ史——浜本隆志
1712 宗教改革の真実——永田諒一
1820 スペイン巡礼史——関哲行
2005 カペー朝——佐藤賢一
2070 イギリス近代史講義——川北稔
2096 モーツァルトを「造った」男——小宮正安
2189 世界史の中のパレスチナ問題 臼杵陽
2281 ヴァロワ朝——佐藤賢一